세상 모든 것이 과학이야!

과학력이 샘솟는
우리 주변 놀라운 이야기

신방실·목정민

북트리거

들어가며

과거를 디딤돌로,
미래를 원동력으로 삼을 여러분에게

서문을 쓰고 있는 지금은 선선한 바람이 부는 10월의 첫 주입니다. 과학계의 축제라고 할 수 있는 '노벨상 주간'이기도 해요. 노벨 물리학상·화학상·생리의학상 등 인류 발전에 공헌한 과학자들의 이름이 발표되는 순간, 이상하게도 가슴이 뭉클해집니다.

노벨상의 역사는 곧 과학의 역사이자 인류의 역사라고 할 수 있습니다. 1901년 독일의 물리학자 빌헬름 뢴트겐Wilhelm Röntgen은 'X선'을 발견한 공헌으로 최초의 노벨 물리학상을 수상했습니다. X선 촬영은 의료계에서 수많은 생명을 구하는 데 도움이 되었을 뿐 아니라 과학계 전반에 큰 영향을 미쳤어요. 이후 제임스 왓슨James Watson과 프랜시스 크릭Francis Crick이 DNA의 이중나선 구조를 밝히는 데에도 결정적인 역할을 했지요. 두 생물학자는 1962년 노벨 생리의학상을 수상했어요.

어릴 적에는 어른이 되면 수화기 너머 상대방의 얼굴을 보며 통화할 수 있을 것만 같았습니다. 직접 운전하지 않더라도 자동차가 목적지까지 알아서 데려다주지 않을까 상상하기도 했고요. 하늘을 나는 1인용 플라잉 슈트를 꿈꾸기도 했지요. 돌이켜 보면 그때의 상상이 어느 정도 현실이 되어 가고 있으니 과학의 발전이 놀랍습니다.

과학은 과거의 역사를 디딤돌로, 미래를 향한 열망을 원동력으로 삼아 한 걸음씩 앞으로 나아갑니다. 오래전 하늘을 날고 싶어 했던 과학자들은 실패를 거듭한 끝에 비행기를 만드는 데 성공했고, 인류는 이제 우주를 개척하고 있어요. 우주여행이 일상이 된 뒤에는 어떤 미래가 등장할까요? 앞으로 인류는 어떤 내일을 꿈꾸게 될까요? 이 책을 통해 내 주변 곳곳에 숨은 과학 이야기를 따라가다 보면, 인류의 무한한 꿈과 도전 정신을 엿볼 수 있을 거예요. 여러분도 세상 모든 곳에 존재하는 과학을 느끼며 새로운 미래를 꿈꿀 수 있기를 바랍니다.

마지막으로 하늘나라에 가신 엄마에게 이 책을 바칩니다.

2021년 가을, 저자를 대표하며
신방실

3 생명이 궁금하면

생물 앞으로

4 미스터리와

지구과학 사이

1 물리라는 이름의 → ↘ 만능열쇠

비행기,
인류에 날개를 달다

양력

　새처럼 하늘을 날고 싶어 하던 인간은 라이트형제의 첫 날갯짓을 시작으로 비행기라는 새로운 교통수단을 만들어 냈습니다. 100여 년 이상의 끊임없는 노력으로 비행기는 발전을 거듭했고, 이제 우리는 마음만 먹으면 세계 곳곳은 물론 우주까지 갈 수 있게 되었죠. 항공운송이 증가하면서 세계무역의 규모가 커졌으며, 항공 서비스직이 인기 직종으로 떠오르기도 했습니다. 이처럼 비행기의 발달은 전 세계의 경제 산업뿐만 아니라 문화와 생활양식에도 큰 영향을 주었습니다.

　인간에게 하늘길을 새롭게 열어 준 비행기는 기온에 무척이나 민감합니다. 2017년 미국 애리조나주 피닉스 스카이하버 국제공항에서는 하루 동안 40편 이상의 항공기가 무더기로 취소되는 일이 벌어졌습니다. 이날 애리조나주에서는 기온이 47.8℃까지 올라가는 등 유례없는 이상고온현상이 나타났기 때문입니다. 지구온난화로 대기가 극도로 뜨거워지면 비행기를 날게 하는 힘, 즉 '양력'이 줄어듭니다. 기체는 고온에서 부피가 팽창함에 따라 밀도가 줄어드는데, 그러면 비행기 날개에 작용하는 공기의 힘도 감소해요. 이렇듯 비행기를 날게 하는 양력은 우리의 생활환경과도 밀접하게 연관되어 있습니다. 양력은 인류 역사와 어떻게 함께 해왔고, 다가올 미래에는 어떤 방식으로 활용될까요?

비행기는 어떻게 날까?

비행기는 약 400톤에 이르는 엄청난 무게를 갖고 있습니다. 이 정도의 기체가 공중에 어떻게 뜰 수 있을까요? 비행기는 이륙을 준비할 때 활주로를 아주 빠른 속도로 달립니다. 이때 비행기 날개 주변에는 이와 동일한 빠르기의 공기가 스쳐 지나가요. 비행기 날개는 윗면이 볼록하고 아랫면이 상대적으로 평평하게 제작되어 있어 날개를 지나는 공기의 속도에 차이가 생깁니다. 바람은 일정한 구역을 같은 시간에 통과할 때 거리가 멀수록 빠른 속도로 지나가거든요. 즉 더 굽은 길을 지나는 위쪽의 바람은 속도가 빠르고, 상대적으로 평평한 길을 지나는 아래쪽의 바람은 속도가 느

비행기에 작용하는 양력

린 거예요.

이로써 비행기 날개를 지나는 공기의 흐름은 날개 윗면과 아랫면, 두 갈래로 나뉘는데 이것이 양력 발생에 중요한 역할을 해요.

한편 물리학에서 '유체'는 공기나 물처럼 흐를 수 있는 기체나 액체를 뜻하는데요. 이 유체의 일종인 공기는 흐름이 빠를수록 압력이 감소하고, 느릴수록 압력이 증가하는 현상을 보입니다. 이 같은 사실은 스위스의 물리학자 다니엘 베르누이Daniel Bernoulli가 발견해 '베르누이의 정리'로 널리 알려져 있습니다. 비행기 주변 공기에도 이런 원리가 작용하기 때문에, 공기의 속도가 빠른 날개 윗면과 상대적으로 느린 날개 아랫면의 압력은 차이를 나타냅니다. 즉 날개 위로는 대기압보다 낮은 기압이, 아래로는 윗면에 비해 높은 기압이 형성되는 거예요. 양력은 이 둘의 압력 차로 인해 생겨나는 '위로 뜨려는 힘'입니다. 그러니까 압력이 높은 아랫면에서 압력이 낮은 윗면으로 상승하는 힘이 생기는 거죠. 이러한 양력은 바람의 속도(세기)가 클수록 커지기 때문에, 비행기의 추진 속도는 양력을 일으키는 데 중요한 역할을 합니다. 비행기에 생겨나는 양력이 비행기의 무게(중력)보다 커지는 시점에 비행기는 비로소 뜨게 되죠. 이륙에 필요한 속도는 가벼운 동체의 경우 시속 170~180km, 대형 여객기의 경우 시속 270~350km에 달합니다.

여기에 더해 비행기 앞 프로펠러가 돌면서 공기를 밀어낼 때 생기는 앞으로 나아가려는 힘인 '추력'과, 날개 끝부분에 위치한 '플랩flap'이 날개의 면적을 넓힘으로써 증가되는 양력 등 여러 가지가 복합적으로 작용해 비행기는 오랜 시간 동안 하늘을 날 수 있습니다.

비행기 날개의 앞쪽 또는 뒤쪽에 위치한 플랩은 비행기가 활주로를 달릴 때 펼쳐지며 날개의 면적을 넓히는 일종의 보조날개입니다. 플랩으로 인해 날개가 넓어지면 양력이 커지는 효과가 발생하죠.

이와 반대로 '스포일러spoiler'는 비행기가 착륙하거나 고도를

플랩과 스포일러

낮출 때 공기저항을 키우는 장치로, 일종의 브레이크 역할을 합니다. 날개 뒤편에 장착된 스포일러는 위쪽으로 수직에 가깝게 세워지는데, 공기의 흐름을 망쳐 양력을 약화해요. 스포일러는 착륙과 고도 조정은 물론 비행기의 방향을 바꿀 때도 사용됩니다. 이렇듯 비행기가 뜨고 내릴 때 바람의 세기와 방향은 매우 중요합니다. 공기의 흐름이 양력에 지대한 영향을 주기 때문이에요.

인류의 첫 날갯짓

인류 최초로 하늘을 날고 싶다는 욕망을 그림으로 표현해 낸 사람은 이탈리아의 화가이자 건축가 레오나르도 다빈치Leonardo da Vinci였습니다. 그는 새의 날개에서 영감을 얻은 '날개치기' 모형을 비롯해 나사의 원리를 활용한 '헬리콥터' 등 다양한 비행체 형상을 스케치로 남겼어요. 이후 영국의 공학자 조지 케일리George Cayley가 세계 최초로 글라이더를 만들어 짧은 비행에 성공함으로써 '날고 싶다'는 인류의 꿈이 현실이 됐죠. 그는 적절한 추진력과 양력을 제공할 엔진이 개발되기 전까지 안정적인 비행은 불가능하다는 예측도 내놓았습니다. 케일리는 비행체의 작동 원리를 이해한 최초의 인물로 평가받기도 해요.

이후 독일의 비행기 연구자 오토 릴리엔탈Otto Lilienthal이 수많은 글라이더를 제작하고 실험한 끝에 1891년 행글라이더를 개발해 냈습니다. 이로써 릴리엔탈은 항공 기술의 개척자로 인정받았는데, 안타깝게도 1896년 실험 도중 강풍을 만나 추락사하고 맙니다. 그의 노력과 열정은 이후 미국의 라이트형제 윌버 라이트Wilbur Wright와 오빌 라이트Orville Wright에 의해 결실을 맺게 돼요. 1903년 라이트형제는 최초로 동력 장치가 장착된 비행기 '플라이어 1호'를 개발하는 데 성공합니다. 이들은 첫 비행에서 12초간 약 36m, 59초간 약 244m를 날았어요.

1905년에 개발한 '플라이어 3호'는 40km를 38분 만에 비행했습니다. 비행 기술 발전에 힘입은 라이트형제는 유럽 각지를 순회하며 시험 비행에 나섰고, 그 성과를 인정받아 1909년에 비행기 회사를 설립했죠. 그러나 비행기 제작 기술 특허권을 둘러싸고 긴 법적 분쟁에 시달리는가 하면, 형 윌버가 장티푸스로 세상을 떠나는 등 시련이 계속되면서 동생 오빌마저 사업을 중단하게 됐어요.

항공기 산업은 두 차례의 세계대전을 치르며 급속히 발전했습니다. 독일은 1939~1945년 제2차 세계대전 당시 제트엔진을 장착한 제트전투기를 개발했고, 당시 항공 산업을 이끌던 미국은 1947년 음속보다 더 빠른 초음속 비행기 '벨 X-1'을 제작했습니다. 기술의 발달로 항공기가 대형화·고속화되면서 1960년대부터는 여객기 개발이 활발해졌어요. 2001년에는 최대 853명까지 태울 수 있는 2층 구조의 초대형 여객기가 개발되어 하늘을 날기도 했습니다. 비행기는 앞으로 더욱 눈부신 발전을 이룰 것으로 보여요. 현재 미국 항공우주국 나사^{NASA}는 배터리를 동력원으로 이용하는 짧은 날개의 비행기를 개발 중인데, 이것이 상용화되면 짧은 활주로에서도 이륙이 가능해져요. 그런가 하면 영국에서는 본체 겉면에 달린 수만 개의 센서로 풍속과 온도 등을 감지하는 비행기를 개발하고 있습니다.

비행기가 만든 하늘길

비행기의 발전은 전 세계인에게 큰 영향을 주었습니다. 100년 전만 해도 바다 건너 다른 나라에 가려면 거친 파도와 싸워 가며 오랜 시간 배를 타야 했죠. 일례로 신대륙 탐험을 위해 스페인 팔로스항을 떠난 콜럼버스^{Christopher Columbus}는 서인도제도 산살바도르섬을 발견하기까지 무려 33일이 걸렸어요. 그러나 지금은 비행기로 스페인 바르셀로나에서 미국 뉴욕까지 이동하는 데 9시간

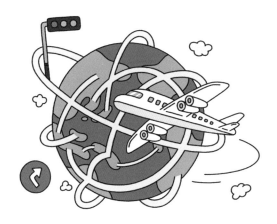

이면 충분합니다. 또 비행기를 타면 우리나라에서 지구 반대편에 위치한 아르헨티나까지 하루 안에 도착할 수 있죠. 지구를 하나의 마을과 같은 동일 생활권으로 인식하는 '지구촌'이라는 개념이 현실화된 것입니다.

또한 이동속도의 증가로 비행기를 이용한 화물 및 여객 수송 분야가 급속히 발전했습니다. 선박 운송은 비용이 저렴하지만 소요 기간이 긴 반면, 항공운송은 비용이 비싸도 훨씬 빠른 속도를 자랑해 효율적이에요. 이에 세계 무역량도 급격히 증가했습니다. 1958년에는 대형 제트여객기가 등장하면서 승객 대량 수송과 함께 운임 인하가 가능해졌고, 급증한 항공운송 수요를 감당할 수 있게 되었습니다. 1970년대에는 400명 이상을 수용할 수 있는 점보제트기가 본격적으로 운영되면서 지구 방방곡곡으로 이동하는 사람들이 많아졌습니다.

우리가 먹는 음식, 입는 옷, 집에서 사용하는 기계류 가운데 상당수가 항공운송을 통해 다른 나라에서 운반되어 옵니다. 편지나 소포는 물론이고, 인터넷에서 구매한 해외 제품도 항공기를 통해 며칠 안에 받아 볼 수 있어요. 최근에는 해당 나라에 방문하지 않아도 그 나라의 상점에서 판매하는 물건을 항공운송을 통해 쉽고 빠르게 수령하는 해외 직구가 활발하게 이루어지고 있습니다. 해외여행 또한 급증했는데요. 「한국관광통계」에 따르면, 2019년 우리나라의 해외 여행객 수는 약 2,871만 명으로, 매년 인구의 절반

이상이 해외여행을 다녀온다고 해요.

항공 기술 개발은 나아가 우주개발로 이어졌습니다. 인간은 달에 첫 번째 발자국을 찍었을 뿐만 아니라 화성까지 무인 우주선을 보낼 수 있게 되었어요. 또한 우주에 거대 망원경을 날려 보내고 지구 주변에 인공위성을 띄울 수 있었던 것도 모두 항공 기술 덕분입니다.

그러나 비행기가 인류에게 편리함만을 제공한 것은 아닙니다. 비행기에서 배출되는 배기가스와 소음으로 인해 하늘길이 오염되는 문제가 심각해요. 유럽환경청의 2014년 발표에 따르면, 비행기가 1km를 이동할 때 승객 1명당 배출하는 이산화탄소의 양이 285g이라고 해요. 이는 자동차로 같은 거리를 이동할 때 발생하는 이산화탄소 양의 2배, 기차의 20배에 달하는 수준입니다. 앞으로 비행기의 운행 빈도는 더욱 늘어날 것이므로, 비행기에서 배출되는 이산화탄소의 양도 더욱 증가할 것으로 보여요.

현재 비행기가 배출하는 이산화탄소의 양을 줄이기 위한 연구가 활발하게 진행되고 있습니다. 탄소를 배출하는 연료인 기름 대신 전기를 이용한 비행기도 시험 운항 중이에요. 전기 비행기는 기름을 연료로 사용하는 기존 비행기에 비하면 단위 중량당 낼 수 있는 힘이 50분의 1 수준밖에 되지 않아요. 하지만 탄소 발생량이 극히 적어 기후변화에 대비한 차세대 교통수단으로 거론됩니다.

이 외에도 공장의 매연에서 탄소를 분리하여 모은 뒤, 그 안에

박테리아를 넣어 만든 재활용 연료를 사용하는 사례도 있습니다. 영국의 대표 항공사 버진애틀랜틱은 기존 연료에 약 5%의 탄소 재활용 연료를 섞어 상업 비행에 성공해 주목받기도 했어요.

드론 배송, 새로운 미래를 개척하다

이렇듯 인간은 먼 곳으로 이동하기 위해 날개의 양력을 바탕으로 비행기를 개발했습니다. 물리적 거리를 극복한 인간은 하늘길을 이용하는 또 다른 비행체를 만들어 내는 데 성공했어요. 오늘날 여러 분야에서 종횡무진 활약하고 있는 '드론'이 그 주인공입니다. 드론이란 양력과 무선전파로 비행하는 무인 비행체를 말합니다. 보통 2·4·6·8개의 프로펠러가 달려 있는 형태인데, 프로펠러의 회전 방향과 회전력에 따라 전진하거나 방향 전환을 할 수 있어요. 프로펠러가 4개 달린 쿼드콥터를 기준으로 설명하면, 대각선으로 한 쌍의 프로펠러는 시계 방향으로 돌고 나머지 한 쌍은 반시계 방향으로 회전합니다. 프로펠러의 회전으로 공기가 밀리게 되면 작용 반작용의 원리에 의해 양력이 발생합니다. 이 양력 덕분에 드론은 일정 고도를 유지하며 떠 있을 수 있게 돼요.

드론이 움직일 때도 양력이 작용합니다. 앞쪽 프로펠러보다 뒤쪽 프로펠러의 회전력이 크면 앞쪽 프로펠러의 양력이 작아지고, 빠르게 도는 뒤쪽 프로펠러의 양력이 커지면서 드론은 앞쪽으로 기울게 됩니다. 이때 양력이 뒤쪽을 향하
면서 드론 기체는 전진하게 돼요. 진행
방향을 전환할 때는 원하는 방향 쪽 프
로펠러의 회전력을 낮추고 반대쪽 프로
펠러의 회전력을 높입니다. 그러면 양력
의 차이에 의해 드론이 방향을 바꾸게 되지요.

드론은 제2차 세계대전 이후 군사작전에서 표적을 나타내는
용도로 사용되기 시작했습니다. 이후 자본주의와 공산주의가 대
립하는 냉전이 시작되고 무선 기술이 발달하면서 정찰 감시 및 정
보 수집용으로 활용 범위가 확장되었지요. 근대에는 군사적 용도
외에도 민간 분야에서 다양하게 활용되고 있습니다. 후쿠시마 원
자력발전소 폭발 사고 현장이나 화산 분화구처럼 사람이 직접 들
어가서 조사하기 위험한 장소에 드론을 대신 투입해 촬영을 한 사
례가 있습니다. 오늘날에는 취미용으로도 많은 사랑을 받고 있죠.

최근에는 소형 드론을 이용하는 무인 택배 서비스가 주목받고
있습니다. 인공위성을 이용해 위치를 확인하는 GPS 기술과 접목
한 새로운 형태의 교통수단이 탄생한 셈이에요. 드론 택배를 이용
하면 서류나 책, 배달 음식 등을 교통 체증 없이 단시간 내에 직접
배달받을 수 있습니다. 드론 배송이 상용화될 수 있는 날이 머지
않아 보여요.

비행기 사고는 왜 일어나는 걸까?

바람은 비행기를 뜨게 하는 힘이기도 하지만, 운항에 위협이 되는 난기류를 발생시키는 원인이기도 합니다. 미국 연방교통안전위원회NTSB에 따르면, 기상 조건으로 인한 항공기 사고 가운데 바람 때문에 일어난 사고가 약 60%로 절대적으로 많다고 해요.

비행기가 이착륙하는 과정에서 '윈드 시어wind shear'를 만나면 사고가 날 확률이 높아집니다. 윈드 시어는 짧은 거리에 걸쳐 갑자기 바람의 속도나 부는 방향, 또는 두 가지가 동시에 변하는 현상입니다. 강한 상승기류나 하강기류가 만들어지면 대부분 바람의 풍향과 풍속에 변화가 생겨 윈드 시어가 발생하게 돼요. 수직이나 수평 방향 어디서든 나타날 수 있고, 모든 고도에서 발생할 수 있어요. 강한 윈드 시어를 만나면 비행기가 양력을 잃기 쉬워 정상 고도를 상실할 가능성이 높아집니다.

한편 '마이크로버스트microburst'도 항공사고를 일으키는 위험 요인 중 하나입니다. 이것은 공기 흐름이 불규칙한 난기류의 하나로, 천둥과 비를 동반한 구름에서 시작된 바람이 지표면에 부딪쳐 생기는 돌풍이에요. 1982년 미국 뉴올리언스 국제공항에서 이륙하던 팬아메리칸월드 항공 B727기 추락 사고의 원인도 마이크로버스트였죠.

이렇듯 비행기는 바람에 민감하기 때문에 기상 조건이 악화되면 결항이 발생하기도 합니다. 최근에는 기후변화로 인해 항공기 운항 여건이 점차 나빠지고 있어요.

N극과 S극이 만나 밀당이 시작돼

자석을 이용해 방향을 찾는 기구인 나침반이 없었다면 아메리카 신대륙을 발견할 수 있었을까요? 공포의 대상이었던 바다를 횡단하는 데 성공한 인류에게 나침반은 중요한 길잡이 역할을 했습니다. 배의 방향이나 남북의 위치를 확인할 수 있었던 덕분에 많은 탐험가들이 세계 일주에 나설 수 있었죠.

우리나라에는 전통 나침반 '윤도輪圖'가 있습니다. 통일신라 시대에 풍수가들이 건물이나 무덤의 위치를 선정할 때 사용했어요. 고려·조선 시대에는 시간과 별자리를 관측하는 데 쓰이는 등 오래전부터 나침반은 우리 생활 속에도 깊숙이 들어와 있었습니다.

한편 자석은 전압을 만들어 내는 데 쓰이기도 합니다. 영국의 물리학자 마이클 패러데이Michael Faraday는 자석을 이용해 전류를 만드는 '전자기 유도 법칙'을 발견했어요. 그가 발견한 전기력은 생활 속 필수품인 발전기와 변압기 등의 기본 작동 원리가 되었습니다.

우리 주변에서도 자석의 쓰임을 쉽게 발견할 수 있습니다. 놀이공원의 자이로드롭이나 롤러코스터의 속도를 제어할 때도 자석이 사용돼요. 자기부상열차나 각종 가전제품을 제작하는 데도 자석은 필수죠. 그동안 자석은 인류의 과학 발전 역사와 궤를 함께했다고 할 수 있습니다. 미래에는 자석을 이용해 난치병을 치료할 수 있을지도 모른다고 해요.

자석, 너의 정체가 궁금해

자석이란 쇠를 끌어당기고 남북을 가리키는 '자성'을 지닌 물체입니다. 그리고 이러한 자석이 미치는 힘을 '자기력'이라고 해요. 자기력은 자석과 자석 사이의 거리가 멀수록 약해지고 자석의 중앙에서 양끝으로 갈수록 세져, 막대자석 주위에 철가루를 뿌리면 철가루가 양 끝으로 모여들게 됩니다. 참고로 자석은 아무리 잘게 잘라도 하나의 극성만 가질 수 없습니다. 원자 수준으로까지 쪼개져도 양 끝에 N극과 S극을 가져요.

자석은 물체의 성질을 구분하는 기준이 되기도 합니다. 자석에 잘 달라붙는 물체를 '강자성체', 붙지 않는 것을 '반자성체'라고 해요. 강자성체는 내부의 금속 원자 하나하나가 모두 자성을 띠는 물체입니다. 그러니까 원자 수준의 자석이라고 할 수 있는데, 각자의 N/S극이 모두 임의 방향으로 향해 있어 물체가 하나의 자성을 띠지 못합니다. 단, 외부의 자석을 만나면 내부의 원소들이 그 자기장에 반응하는 방향으로 일정하게 정렬하면서 물체가 자석에 달라붙는 성질을 갖게 돼요. 이렇게 형성된 자성은 외부 자기장이 사라진 뒤에도 유지됩니다. 이와 달리 반자성체의 원자들은 외부 자석의 자기장과 반대되는 방향으로 자기를 띰으로써 외부 물체를 밀쳐 내는 특징을 갖습니다. 이때는 외부 자기장이 사라지는 동시에 자성도 없어지죠.

그렇다면 자석은 어디에서 만들어지는 걸까요? 자석은 천연에서 만들어지는 것과 공장에서 제작되는 것으로 나뉩니다. 천연자석인 '자철석'은 철을 함유한 검은 광물이 퇴적된 상태로 오랜 세월 지구자기장의 영향을 받아 자성을 갖게 된 것이에요. 자석을 뜻하는 '마그넷magnet'은 고대 그리스의 '마그네시아Magnesia'란 지역 이름에서 유래했는데, 이 지역에서는 기원전 6세기경부터 돌이 철과 같은 쇠붙이를 끌어당기는 일이 잦았다고 합니다.

한편 인공적으로 제작되는 자석은 철광석에서 분리·추출한 철에 자성을 입히는 공정을 거쳐 제작됩니다. 가장 대중적으로 쓰이는 자석인 '알니코 자석'은 철에 알루미늄, 니켈, 코발트를 합금해 만들어요. 이 세 가지 원소가 철에 일정한 비율로 배합되면 강한 자성이 형성됩니다.

자석을 분류하는 방식은 이 밖에도 여러 가지가 있습니다. 가공 유무에 따라 크게 천연 자석과 인공 자석으로 나눴다면, 재료에 따라 자철석, 알니코 자석, 페라이트 자석(망가니즈, 코발트, 니켈 따위의 산화물과 철로 만든 자석), 희토류 자석, 본드 자석, 고무 자석 등으로 나누기도 하죠. 이들 자석이 모두 영구자석인 데 비해 전자석은 전류가 흐를 때만 자성을 가져 일시적 자석으로 분류됩니다. 전자석은 전류가 흐르면 자기화되고, 전류를 끊으면 원래의 상태로 돌아가요. 쇠못과 같은 철의 둘레에 코일 구리줄을 감고 전류를 흘려보내면 자성이 생기면서 전자석이 되는데, 이때 철심이 굵을수록, 코일이 많이 감겼을수록 자기력이 큽니다.

자기, 전기를 일으키다

19세기 덴마크 물리학자 크리스티안 외르스테드Hans Christian Ørsted는 전류가 흐르는 도선 주위에 자기장이 형성된다는 사실을 실험을 통해 최초로 발견했습니다. 이로써 전류가 자기장을 발생시킨다는 걸 밝혔죠. 이를 '외르스테드의 법칙'이라고 합니다.

영국의 물리학자 마이클 패러데이는 이로부터 '전류가 자석을 만든다면 자석도 전류를 만들 수 있지 않을까?' 하는 궁금증을 갖게 됩니다. 그리고 이를 확인하기 위해 코일로 감아 놓은 도선의 양끝을 검류계(매우 적은 전류나 전압을 검출하는 장치)와 연결한 뒤 코일 안으로 자석을 집어넣었다 뺐다 하는 실험을 진행했어요. 전지를 연결하지 않은 상태에서 코일 속 자석을 움직였을 때 전류가 발생하는지 알아본 것이었는데, 과연 검류계의 바늘이 움직였죠. 자석의 움직임에 따른 자기장의 변화가 전압을 일으킨 거예요. 이 실험을 통해 패러데이는 '전자기 유도 법칙'을 증명해 보였고 과학사에 한 획을 그었습니다.

전자기 유도 현상이 발견되기 전까지 전기는 일상생활에서 쓰이기 힘든 에너지원이었습니다. 물체를 마찰시켜 얻는 마찰전기 아니면 전지를 이용해서 얻는 방법이 전부였거든요. 그런데 패러데이가 전자기 유도 법칙을 발견하면서, 극소량만 생산되던 전기는 대량 보급의 기회를 얻게 됐습니다. 자석을 이용해 전류를 쉽게 생산하는 것이 가능해진 덕분이었죠. 오늘날 전기 생산에 필수

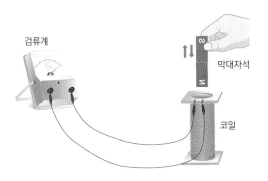

패러데이의 전자기 유도 실험

적으로 사용되는 발전기와 변압기 등도 모두 전자기 유도를 활용한 사례들이랍니다.

인천에서는 바퀴 없이 선로 위에 뜬 상태에서 달리는 자기부상열차가 공항 주변을 순환하며 승객을 실어 나릅니다. 자기부상열차는 자기력을 이용해 차량을 선로 위에 약 8mm 떠오르게 하여 움직입니다. 일반 열차와 달리 레일과의 마찰이 없어 소음과 진동이 매우 적고, 빠른 속도를 낼 수 있어요. 자기부상열차가 이렇게 달릴 수 있는 것도 전자기 유도 현상 덕분입니다.

열차가 선로 위에 뜨도록 하는 방법은 크게 서로 밀어내는 힘인 척력을 이용하는 '반발식'과 서로 끌어당기는 힘인 인력을 이용하는 '흡인식'으로 나뉩니다. 현재 국내에서 운행 중인 자기부상열차에는 전자석을 이용한 흡인식이 활용돼요. 열차에 바퀴 대신 선로를 감싸는 'ㄷ' 자 모양의 전자석을 부착한 뒤, 전원을 공급해 자력을 발생시키면 전자석에서 선로와 붙으려는 힘, 즉 인력이 발생해 전자석과 함께 차체가 위로 떠오르는 것이죠. 이때 전자석에 투입되는 전류의 양을 조절해 선로와 열차의 간격을 조정하는데, 빠른 속도에서는 정밀한 조정이 불가능하므로 이 시스템은 주로 중저속형 자기부상열차에 이용된답니다.

한편 열차를 앞으로 이동시킬 때도 인력과 척력을 이용합니다. 선로와 나란히 달린 모터에 전원을 공급하면 선로에도 전기가 흘러 자기력이 발생해요. 열차에 설치된 자석과 선로가 같은 극이

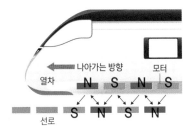

열차　←나아가는 방향　모터

N S N S

S N S N

선로

자기부상열차의 추진 원리

되면 차체가 밑으로 떨어지지 않고 떠 있게 되고, 서로 다른 극이 되면 당기는 힘이 작용해 앞으로 움직이게 됩니다. 이렇게 모터와 선로가 밀고 당기면서 열차가 앞으로 나아가는 거예요.

놀이 기구 속에 자석이 있다?

놀이공원에 가면 빠르고 역동적인 움직임으로 우리에게 짜릿함을 선사하는 놀이 기구가 많습니다. 사고를 방지하고 사람들이 안전하게 놀이 기구를 즐길 수 있게 하기 위해서는 무엇보다 속도를 적절히 제어하는 게 중요한데, 이때 자석이 이용됩니다.

하늘 높이 올라가 매우 빠른 속도로 자유 낙하하는 자이로드롭을 타 본 적 있나요? 그렇다면 기구가 타워 꼭대기까지 올라간 상태에서 언제 떨어질지 모를 불안감과 긴장감에 초조했던 경험이 있을 거예요. 그런데 초조함도 잠시, 감았던 눈을 뜨면 어느새 땅에 도착해 있습니다. 자이로드롭은 어떻게 안전하게 땅에 착지할 수 있는 걸까요?

그 비밀은 자이로드롭 의자 뒤에 숨어 있습니다. 탑승 의자 뒤에는 긴 말굽 모양의 자석이 붙어 있어 자이로드롭이 지상 25m 지점까지 하강하면 자석과 타워 중앙에 있는 금속판이 서로 만나게 됩니다. 그 순간 전류가 흐르면서 금속판이 자석의 성질을 띠게 되고, 이때 발생하는 금속의 자기장은 자석의 자기장과 서로 밀어내려는 성질, 즉 반발력을 갖게 돼요. 따라서 타워의 금속과 의자 뒤 자석 사이에 밀어내는 힘이 발생해 자이로드롭은 추락하지 않고 지상에 안전하게 내려올 수 있습니다.

놀이 기구 하면 가장 먼저 떠오르는 롤러코스터에도 이와 같은 원리가 활용됩니다. 롤러코스터 의자에 있는 자석과 레일의 종착점 근처에 설치된 금속판이 서로 만났을 때 생기는 반발력 덕분에 롤러코스터가 구불구불한 레일을 빠르고 격렬하게 달리다가도

도착 지점 앞에서 신속히 정지할 수 있는 것이죠.

그 밖에도 우리 주변에서는 전자석의 성질을 이용한 다양한 제품들을 찾아볼 수 있습니다. 선풍기, 헤어드라이어, 냉장고, 세탁기, 컴퓨터, 자동차가 모두 여기에 해당돼요. 이들 제품 내부에는 전자석에 전류를 흘려 전기에너지를 운동에너지로 바꾸는 기계인 전동기가 들어가 있습니다. 휴대폰과 이어폰에도 자석이 활용됩니다. 자석은 스피커의 음질에 영향을 주는데, 자력이 클수록 큰 힘으로 진동판의 운동에너지를 이끌어 내 고품질의 음을 만든답니다.

참고로 전자 기기를 사용하면 전기장과 자기장의 세기가 주기적으로 반복되며 퍼져 나가는 전자기 에너지 파동 현상, 즉 전자파가 발생합니다. 전자파는 체온을 상승시켜 쉽게 피로감을 느끼게 하고 피부 노화를 촉진하며 숙면을 방해한다고 알려져 있어요. 특히 휴대폰이 내뿜는 전자파는 뇌와 가까운 곳에서 발생하기 때문에 인체에 악영향을 끼칠 수 있어, 가능한 한 휴대폰을 인체와 멀리 떨어뜨려 사용하라는 가이드라인도 나와 있습니다.

한편 우리가 결제할 때 사용하는 신용카드 뒷면에는 검은 띠가 있는데, 이 띠에는 아주 미세한 크기의 자석 가루가 발라져 있습니다. 여기에 있는 미세한 크기의 자석들을 이용하면 N극과 S극의 방향을 조절함으로써 사용자의 정보를 저장할 수 있어요. 쇼핑몰 등에서 도난 방지용으로 판매 제품들에 붙여 놓는 태그에도 자석이 사용됩니다. 출입구 양쪽에 서 있는 도난 방지 장치에는 코일이 감겨 있어 전류가 흐르면 두 기둥 사이에 자기장이 형성되고, 자성을 띤 물체, 즉 태그가 그 속을 지나가면 센서가 자성을 감지해 경보음이 울리는 것이죠.

몸속에서부터 우주까지, 자석의 놀라운 세계

지구 어느 곳에서든 나침반 바늘의 N극은 항상 북쪽을 가리킵니다. '자기학의 아버지'라고 불리는 영국의 물리학자 윌리엄 길버트William Gilbert는 16세기 말 나침반의 바늘이 항상 일정한 방향을 가리키는 까닭이 지구의 남쪽과 북쪽에 나침반을 끌어당기는 힘이 있기 때문이라고 생각했습니다. 그는 연구를 통해 지구가 하나의 거대한 자석이라는 사실을 발견했고, 이로써 북극 근처가 나침반의 N극을 잡아끄는 S극, 남극 근처가 나침반의 S극을 잡아끄는 N극에 해당한다는 사실이 밝혀졌어요.

지구는 그 자체가 마치 하나의 거대한 막대자석과도 같아 남극에서 북극으로 자기력선이 흐르며 자기장을 형성합니다. 이렇게 지구가 형성하고 있는 고유한 자기장을 '지구자기장'이라고 해요. 철새, 꿀벌, 거북, 도마뱀, 연어, 바닷가재, 박테리아 등 귀소 본능을 가진 지구상의 모든 생명체에는 일종의 '생체 자석'이 들어 있습니다. 이들은 몸의 일부에 있는 자석 성분을 토대로 지구자기장

을 탐지해요. 생체 자석을 통해 자기력선
을 감지함으로써 마치 나침반처럼 몸을
남북 방향으로 맞춘 뒤에 원하는 방향으
로 나아간답니다.

　지구자기장이 나타나는 정확한 원인
은 아직 밝혀지지 않았지만, 몇몇 과학자
들은 그 원인을 지구의 외핵에서 찾고 있어요. 지표로부터 깊이
2,900km에서 5,100km 사이에 위치한 외핵은 액체 상태이며 철
과 니켈 등으로 구성되어 있습니다. 철과 니켈은 외핵의 대류 현
상(기체나 액체에서 물질이 이동함으로써 열이 전달되는 현상)으로 인해
끊임없이 움직이며 전류를 발생시키는데, 이에 따라 자기장이 형
성된다는 것이죠. 지구자기장은 지구 전체를 껍질처럼 에워싸고
있어 우주에서 날아오는 자기폭풍으로부터 지구를 보호하는 역
할을 합니다. 만약 지구자기장이 없었다면 지구에는 생명체가 존
재할 수 없었을 거예요.

　이번에는 지구 밖 우주로 눈길을 돌려 볼까요? 우주에는 매우
강력한 자기장을 가지고 있는 '마그네타^{magnetar}'라는 중성자별이
있습니다. 중성자별은 질량이 큰 별이 격렬한 폭발을 일으킨 뒤에
압축되어 남은 천체인데, 마그네타는 다른 중성자별보다 1,000배
이상 강력한 자기장을 지니고 있고, 지구의 자기장과 비교하면 세
기가 수백만 배 이상 강합니다. 만약 지구와 달 사이에 마그네타

를 위치시키면 지구의 모든 신용카드 정보를 지워 버릴 수 있는 정도라고 해요.

우주 항공 분야에서도 독특한 형태의 자석을 찾아볼 수 있습니다. 바로 성게 모양의 '액체 자석'입니다. 액체 자석은 자석의 성질을 갖는 나노 크기의 극소 물질을 물이나 기름에 녹인 것으로, 우주 항공 분야뿐만 아니라 첨단 반도체에도 사용되고 있습니다. 액체 자석의 성질을 이용하면 우주선의 연료를 무중력 상태에서 일정한 방향으로 흐르게 유도할 수 있어요. 철을 함유한 액체가 자성에 반응하는 현상을 이용해 액체의 방향을 조정하는 거죠.

이 밖에도 액체 자석은 다양한 용도로 쓰입니다. 액체 자석을 이용하면 암을 치료할 때 사용되는 인공 세포를 효율적으로 제어할 수 있다고 해요. 또한 MRI(자기공명영상장치)로 촬영할 때 인체를 더 자세히 스캔할 수 있습니다. 기존에는 고체 자석만 영구자석으로 사용할 수 있다고 생각했는데, 액체 자석 연구가 발전하면서 액체 자석도 영구자석으로 사용될 가능성을 보이고 있답니다. 앞으로 액체 자석의 활용 범위는 더욱 넓어질 전망입니다.

아울러 자기장을 이용한 '나노 자기유전학 기술'도 개발되고 있습니다. 과학자들은 나노 나침반에 자기장을 쏘이면 발생하는 힘을 통해, 뇌세포를 활성화하는 이온 채널ion channel을 여닫을 수 있다는 사실을 발견했습니다. 이온 채널은 세포 내외부에 있는 이온이 순환하기 위해 필요한 막 단백질을 일컬어요. 이온 채널을 여닫으면서 발생한 전기신호는 중추신경계를 자극하고 뇌의 활동도 촉진할 수 있습니다. 이 연구가 더욱 발전하면 파킨슨병이나 암과 같은 난치병을 치료하는 신약 개발로 이어질 수 있을 것으로 보여요.

대항해시대의 문을 연 나침반

나침반은 종이, 화약, 인쇄술과 함께 중국의 4대 발명품으로 꼽힙니다. 이것은 배의 방향이나 위치를 알려 주는 항해용 계측기예요. 나침반의 자침은 물에 띄우거나 공중에 매달았을 때 저절로 남쪽과 북쪽 방향을 가리키는데, 일찍이 이를 발견한 중국인들은 다양한 형태의 나침반을 제작해 사용했습니다.

나침반에 대해 직접적으로 언급한 기록은 11세기에 나타납니다. 중국 송나라의 과학자 심괄이 쓴 『몽계필담』을 보면, "자침의 중심점에 밀랍을 달고 여기를 명주실로 묶어 균형을 잡고 바람 없는 곳에 두면 바늘이 언제나 남쪽을 향한다. 바늘 중에는 북쪽을 향하는 것도 있는데, 아직 아무도 그 이치를 설명할 수는 없다."라고 기록되어 있습니다. 또한 12세기에 중국 송나라 주욱이 쓴 『평주가담』이라는 책에는 "별이 보이지 않는 밤에는 지남침을 보면서 항해한다."라는 이야기가 나오는데, 이러한 나침반을 이용한 항해 기록은 서유럽이나 다른 지역의 기록보다 훨씬 앞선다고 볼 수 있어요.

중국은 15세기 들어 나침반을 이용해 대원정을 떠나기도 했습니다. 중국 명나라의 장군이었던 정화는 황제인 영락제의 지시로 첫 항해에 나섰습니다. 그는 약 30년간 7차례에 걸쳐 원정을 계속하며 인도의 캘리컷(지금의 코지코드), 페르시아만의 호르무즈, 아프리카까지 다녀왔어요. 귀국할 때는 아프리카 왕들로부터 사자, 표범, 기린 등의 조공을 받기도 했다고 전해집니다.

문명은 달리고 싶다

마찰력

영국의 철학자 프랜시스 베이컨Francis Bacon은 "먼 훗날에는 동물에 의지하지 않고 자기 힘으로 달리는 수레를 만들어 지구를 누빌 것이다."라는 말을 남겼습니다. 증기기관과 자동차의 등장을 예언한 것이죠. 현대인의 삶은 요람에서 무덤까지 바퀴와 함께한다고 해도 과언이 아니에요. 바퀴의 효용성과 편리함을 생각해 보면 왜 바퀴를 인류 역사에서 가장 위대한 발명품이라고 하는지 알수 있습니다.

이 바퀴 안에는 마찰력의 비밀이 숨어 있습니다. 바닥에 정지해 있는 수레를 예로 들어 볼게요. 수레를 이동하려면 힘을 주어밀어야 합니다. 이때 운동하려는 물체와 바닥 사이에는 수레가 나아가는 것을 방해하는 힘, 즉 '마찰력'이 발생합니다. 물체의 운동을 방해하는 마찰력 때문에 수레는 쉽게 밀리지 않죠. 그러다가 일단 움직이기 시작하면 그 뒤로는 작은 힘으로도 밀리게 됩니다. 바닥과 물체 사이의 마찰력이 줄어들었기 때문이에요. 이처럼 마찰력의 비밀을 품고 있는 바퀴가 발명된 이후로 인류의 운송 수단은 획기적으로 발전했습니다. 이동이 자유로워지면서 문명 또한 눈부신 진화를 거듭했어요.

세상을 바꾼 작은 동그라미

바퀴 없는 세상은 어땠을까요? 바퀴가 등장하기 전에는 짐을 운반하기 위한 도구로 나무 썰매가 쓰였습니다. 이후 소와 양, 염소, 나귀 등을 사육하면서 나무 썰매를 끄는 데 가축이 이용되기 시작했어요. 실제로 기원전 6000년경 스칸디나비아와 미국 알래

스카에서는 소가 나무 썰매를 끌었다고 해요. 하지만 그 당시에는 도로가 포장되어 있지 않아 썰매를 끌기 쉽지 않았습니다. 이러한 어려움을 극복하기 위해 나무 썰매 밑에 굴림대를 받쳐 굴리기 시작했죠. 고대 이집트인들이 피라미드를 만들 때도 지레나 굴림대를 이용해 돌을 옮겼다고 해요.

세계에서 가장 오래된 바퀴는 기원전 3500년경 고대 문명의 발상지인 메소포타미아에서 만들어진 것으로 생각됩니다. 이때의 바퀴는 통나무 원판 형태로, 의식이나 행사, 전쟁을 위한 탈 것에 주로 사용된 것으로 보여요. 기원전 2600년경에는 메소포타미아 수메르 지역에서 기존의 통나무 원판 대신 3개의 나무 조각을 잘라 맞추고 둥글게 다듬은 뒤 연결대로 이은 나무 판자 바퀴가 만들어졌습니다. 이로써 전보다 바퀴가 더 튼튼해졌죠. 이 무렵 야생 밀이 자생해 농업이 발달하고 인구가 많아지면서 물자 이동이 늘어나고 있었어요. 이에 따라 효율적인 운송 수단이 필요해졌고 바퀴 2개를 축으로 연결한 이륜 수레가 개발되어 물건을 나르는 데 이용되었죠. 당시 그려진 벽화에도 소나 당나귀가 수레를 끄는 모습이 남아 있습니다. 수레는 물건을 운반하는 용도뿐만 아니라 신분이 높은 사람들의 이동 수단으로도 사용됐어요.

그러다가 전쟁용 수레인 '전차'에 대한 수요가 증가하면서 바퀴는 빠르게 발전했습니다. 고대 왕국들은 전쟁을 통해 영토를 확보하고 세력을 키워야 했기에 빠르게 이동할 수 있는 전차가 승리에 필수적이었죠. 수메르인들은 사륜 전차를 만들어 전쟁에 이용했어요. 병사 두 명이 짝을 이루어 한 명은 수레를 조종하고 나머지 한 명은 활을 쏘게 하여 이동과 동시에 공격이 가능했습니다.

기원전 2000년경 철기 문명을 이룩한 히타이트인들은 전차에 새로운 형태의 바퀴를 달았습니다. 나무 바퀴 가운데에 커다란 구멍을 뚫고 바퀴통에서 테까지를 부채꼴 형태의 바큇살로 연결한 거죠. 이 덕분에 바퀴가 가벼워져 속도를 내는 데는 용이했지만, 바닥이 거칠면 쉽게 부서진다는 단점이 있었습니다. 히타이트인들은 4~6개의 바큇살로 된 바퀴를 전차에 달았는데, 전차의 중간에 달아 안정성을 확보하여 더 많은 병사가 탈 수 있게 했어요. 바큇살 바퀴를 단 전차는 히타이트에 이어 이집트 왕국에서도 제작됐고, 그리스와 로마에도 전해졌습니다.

로마 시대에는 바퀴 제작 기술이 거의 완성 단계에 이르렀습니다. 회전축을 이용해 방향을 마음대로 바꿀 수 있게 하고, 바퀴에 롤러를 장착해 바퀴가 돌 때 발생하는 마찰과 소음을 대폭 줄였죠. 기원전 100년경에는 켈트족이 바퀴 테두리에 철판을 둘러서 테두리가 닳아 없어지는 문제점을 개선했습니다. 여기에 짐승 가죽이나 구리판 등을 씌워 바퀴를 보호할 수 있게 되었고, 금속 가공 기술이 발달함에 따라 쇠테를 만들어 씌우면서 바퀴는 더욱 튼튼해졌어요. 지금 우리가 흔히 볼 수 있는 고무바퀴는 1845년에 만들어졌습니다. 바퀴 테두리를 고무 재질로 만들어 소음을 줄이고, 충격을 잘 흡수하도록 보완한 거죠.

한편 나라마다 바퀴살의 개수에도 차이가 있었습니다. 이집트, 페르시아, 로마, 유럽의 수레바퀴는 바퀴살이 4~8개에 불과했는데, 중국과 우리나라에서 만들어진 수레바퀴는 바퀴살이 16~24개에 달할 정도로 많았습니다. 바퀴살이 많으면 바퀴가 튼튼해지지만, 많은 바퀴살을 수레바퀴의 중심이 되는 나무통의 홈에 넣으려면 각도를 잘 맞춰야 해서 고도의 기술이 필요했어요.

마찰력을 극복한 바퀴의 비밀

바퀴에 숨어 있는 마찰력에 대해 좀 더 자세히 짚고 넘어가도록 해요. 앞서, 물체는 정지 상태에 있을 때 바닥과 물체 사이에 작용하는 마찰력 때문에 쉽게 밀리지 않는다고 했죠? 정지 상태의 물체와 지면 사이에는 '정지마찰력'이, 운동 상태의 물체와 지면 사이에는 '운동마찰력'이 작용합니다. 운동마찰력은 정지마찰력보다 작기 때문에 일단 물체가 움직이기 시작하면 수레를 밀 때 힘이 덜 들어가게 돼요.

마찰력(f)의 크기는 바닥이 물체를 떠받치는 힘에 해당하는 '수직항력(N)'이 클수록 커집니다. 이때 수직항력은 수직으로 누르는 힘에 반대하여 생기는 힘을 일컬어요. 수직항력에 비례해 마찰력도 증가하는데, 이때 비례율을 결정짓는 상수가 '마찰계수

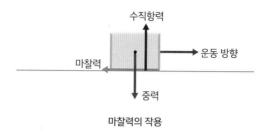

마찰력의 작용

(μ)'입니다. 이를 식으로 표현하면 '$f = \mu N$'이 되죠. 마찰계수를 결정짓는 요인으로는 물체 표면의 거칠기, 청정도, 윤활제의 유무 등을 꼽을 수 있어요. 표면의 질감이 매끄러울수록 마찰계수는 줄어듭니다.

타이어를 예로 들어 볼까요? 빠른 속도로 구르는 자동차 바퀴에서 마찰력은 바퀴가 헛도는 것을 막고, 움직이는 힘을 키워 주는 역할을 합니다. 이러한 바퀴의 표면을 이루는 타이어의 재질은 마찰력에 영향을 주죠. 대체로 타이어의 표면과 도로의 접촉 면적이 클수록 마찰계수가 커집니다. 이 때문에 경주용 자동차 타이어는 표면에 아무런 홈이 없는 매끈한 형태를 띠어요. 차가 아스팔트 위에서 전력 질주하다 급회전이나 급제동할 경우에 미끄러질 염려가 없도록 마찰력을 높인 것이죠.

이와 달리 우리가 일상에서 사용하는 승용차 타이어에는 다양한 형태의 홈이 무늬를 이루고 있습니다. 이것은 물·흙·돌 등 각종 이물질이 있는 도로 위에서 안전장치 역할을 해요. 가령 도로가 물에 젖어 있을 경우에 타이어의 미끄러짐을 방지합니다. 타이어에 홈이 없다면 노면 위의 물이 타이어 전체 면적에 수막을 형성해 차가 미끄러질 위험이 커져요. 이와 달리 타이어에 홈이 있으면 물이 홈으로 빠지면서 마찰력이 회복되죠.

　바퀴에 숨겨진 비밀은 그뿐만이 아닙니다. 바퀴는 물체의 운동 방향을 바꾸는 역할을 합니다. 수레를 밀 때 직선 방향으로 힘을 주면 바퀴에 의해 그 힘이 회전력으로 변환되죠. 바퀴의 회전축을 중심으로 물체가 회전하는 힘을 '돌림힘'이라고 하는데, 직선 방향의 힘이 돌림힘으로 변환되면 힘의 크기가 몇 배로 늘어납니다. 이때 그 배수를 결정하는 것이 바퀴의 크기입니다. '돌림힘 = 직선 방향 힘의 크기×바퀴의 반지름(r)'이거든요. 따라서 큰 바퀴를 달수록 작은 힘으로 물체를 쉽게 이동할 수 있게 돼요.

　지금까지의 내용을 종합해 보면 물체가 지면과 닿을 때 생기는 마찰력이 작을수록, 바퀴의 지름이 커질수록 추진력이 좋아집니다. 인류는 바큇살을 발명해 전보다 가볍고 큰 바퀴를 만들었고, 마찰력을 줄이려는 노력 끝에 마침내 마찰력이 0인 자기부상열차를 탄생시켰습니다. 열차와 선로 간에 접촉이 없다 보니 마찰력이 0이 돼, 시속 600km에 이르는 엄청난 속도를 낼 수 있게 된 것이에요.

작은 개인이 움직이는 세상, 스마트 모빌리티

더 많은 물건과 사람을 빠르게 운송하려는 노력은 마침내 증기기관의 발명과 산업혁명으로 이어졌습니다. 제임스 와트^{James Watt}가 증기기관에 대한 특허를 취득한 1769년, 최초의 증기자동차가 세상에 나왔죠. 19세기 중엽 유럽에서는 대형 증기자동차로 장거리 대량 수송이 이루어졌습니다. 그 후 개인용 소형 증기자동차도 만들어졌지만, 성능이 더 우수하고 간편한 가솔린차가 19세기 말 실용화되면서 증기자동차는 자취를 감추게 되었죠.

휘발유를 연료로 작동하는 가솔린차의 등장은 자동차 시대의 서막을 알렸습니다. 1885년 독일의 카를 벤츠^{Karl Benz}가 발명한 삼륜차가 최초의 가솔린차로 알려져 있어요. 이어서 1894년 루돌프 디젤^{Rudolf Diesel}이 디젤 엔진을 발명해 에너지 효율과 안정성을 높이면서 자동차는 더욱 발전했습니다. 1895년 이후에는 자동차에 타이어를 장착하게 됐고, 1900년대 초에는 외형도 지금과 비슷한 상자 형태로 개량되었어요.

자동차는 점차 저렴한 가격으로 대량 생산되기 시작했습니다. 처음 발명됐을 당시에는 소수의 사람들만 탈 수 있었지만, 오늘날에는 집집마다 한 대씩 갖고 있을 정도로 필수품이 되었습니다. 사람이나 동물의 힘을 빌리지 않고 스스로 움직이는 수레를 만들겠다는 인간의 꿈이 결국 현실이 된 것이죠.

최근에는 전동 킥보드부터 전기 자전거, 전동 휠까지 최첨단 기술이 융합된 소형 개인 이동 수단 '스마트 모빌리티Smart Mobility' 가 큰 인기를 끌고 있습니다. 주변을 둘러보면 스마트 모빌리티를 이용해 출퇴근하거나 여가를 즐기는 사람들을 쉽게 찾아볼 수 있죠. 이렇듯 전기를 이용해 움직이는 1인용 이동 수단을 스마트 모빌리티 또는 퍼스널 모빌리티라고 불러요. 속도는 시속 25km 안팎으로 등하교나 출퇴근길에 혼잡한 대중교통 대신 이용하기 좋죠. 특히 코로나19의 유행으로 사람 간의 접촉을 피하기 위한 1인용 이동 수단에 대한 수요가 급증하면서 인기가 더욱 높아졌습니다. 스마트폰을 통해 위치를 파악한 뒤에 대여하고 반납할 수 있다는 간편함 덕분에 국내 스마트 모빌리티 시장은 해마다 20% 이상 성장하고 있어요.

전기 배터리를 사용하기 때문에 오염 물질을 배출하지 않는 스마트 모빌리티는 넓은 의미의 'e-모빌리티e-Mobility'에 속합니다. e-모빌리티는 전기를 동력으로 하는 모든 이동 수단을 의미해요. 전동 킥보드나 자전거뿐만 아니라 전기 자동차와 전기 오토바이 같은 친환경 차량을 떠올리면 돼요.

화석연료인 석탄이나 석유는 대기 중에 엄청난 양의 오염 물질과 온실가스를 배출합니다. 기후변화에 관한 정부 간 협의체,

IPCC에 따르면 전 세계 이산화탄소 배출량 가운데 교통 분야가 차지하는 비율은 20%가 넘습니다. 하지만 친환경 이동 수단이 많아지면 거리의 미세먼지가 줄고 기후 위기를 막을 수 있을 거예요. 물론 안전 수칙을 지키는 건 필수입니다.

앞으로 e-모빌리티가 해결해야 하는 과제는 짧은 시간을 충전해도 오래 달릴 수 있는 배터리를 만드는 일입니다. 여기서 한 가지 중요한 점은 배터리를 충전하는 전기가 석탄이나 석유를 태워서 만든 전기가 아닌 '깨끗한' 전기여야 한다는 것이에요. 태양광이나 풍력, 조력 등 신재생 에너지로 발전해서 전기를 만들어야 진정한 의미의 친환경 이동 수단이 될 수 있어요.

휘발유 자동차가 주유소에서 기름을 넣듯 전기 자동차는 콘센트로 충전을 해야 하는데, 최근에는 도로에 차를 세워 두기만 해도 충전되는 '비접촉' 방식의 충전이 각광받고 있어요. 전기 버스가 버스 정류장에 정차할 때마다 도로 포장재 내부에 설치돼 있는 충전 장치에서 자동으로 충전이 되는 원리이죠. 일반 전기 자동차들도 횡단보도나 교통신호 앞에 정차하는 사이 충전을 할 수 있는 날이 머지않았어요.

마차 혁명이 일어나다

관광지에 가 보면 종종 마차 체험 프로그램을 찾아볼 수 있죠? 지금은 관광용으로만 볼 수 있는 마차는 초기에 여성이나 일부 귀족만 이용하던 운송 수단이었습니다. 이후 16세기를 기점으로 남성들도 점점 마차를 선호하게 됐죠. 하지만 마차를 타고 이동하는 것은 그다지 편안한 일이 아니었습니다. 진흙탕이거나 울퉁불퉁한 길이 많았기 때문이에요. 당시 사람들은 마차가 깊숙한 도랑에 빠질 경우를 대비해 마차를 끌어내기 위한 막대기나 밧줄, 그리고 마차를 밀 하인 등을 항상 준비하고 다녔답니다.

17세기 초 영국에서는 마차가 크게 유행했어요. 그런데 마차의 인기가 높아짐에 따라 교통이 혼잡해지고, 쇠테를 두른 바퀴 때문에 도로에 까는 포석이 훼손되는 등 여러 문제가 생겨났습니다. 이로 인해 1601년 영국 의회에서는 마차의 남용을 제한하는 법안이 논의되기도 했답니다.

하지만 마차가 부정적인 결과만을 가져온 것은 아니었습니다. 마차를 제조하는 일은 명예로운 직업이 됐고, 숙련된 마부와 하인에 대한 수요가 증가했어요. 또 도시마다 마차가 다닐 도로를 정비하는 데 공을 들이면서 관련 기술도 발전했습니다. 돌을 잘게 부숴 도로를 포장한 데 이어, 물이 스며들지 않는 아스팔트로 도로를 포장하는 기술이 처음으로 등장했어요. 마차는 자동차가 개발되기 전인 19세기까지 가장 대중적인 운송 수단으로 자리를 잡아 사람들의 이동을 돕는 편리한 발이 되어 주었답니다.

반사가 바꾼
모든 것

반사·굴절

거울은 빛의 반사를 이용해 물체를 비춰 볼 수 있도록 만들어진 도구입니다. 집 안에 있는 벽걸이 거울부터 자동차의 사이드미러, 길모퉁이에 서 있는 볼록거울까지 다양한 형태로 존재하며 일상생활에서 유용하게 쓰여요. 과거에는 은이나 청동 등 금속의 표면을 매끄럽게 갈아 만들었지만, 오늘날에는 평평한 유리의 뒷면에 알루미늄이나 은을 얇게 도금해 만들고 있죠. 먼 옛날 고대에는 거울이 제사 의식에 쓰이는 등 종교적 도구로 활용되기도 했습니다.

이후 유리 제조 기술이 발전하면서 유리가 대량 생산되어 현대적 형태의 거울이 널리 쓰이기 시작했습니다. 최근에는 특수 기술·정보 통신 기술ICT과 결합한 거울까지 나오는 등 거울이 무한 변신을 시도하고 있어요. 안면 동작 인식 기술이 적용된 '스마트 거울'이 대표적인데요. 사물에 센서와 프로세서를 장착해 정보를 수집하는 사물 인터넷의 맞춤형 서비스로 거울이 활용된 것이죠. 현재 해외에서 주로 시판되고 있는 이 거울은 사용자의 미소, 윙크, 눈 깜빡임 등 몇 가지 표정을 인식해 그에 해당하는 명령을 수행합니다. 미래에는 거울이 사용자의 마음까지 읽을 날이 올지도 몰라요.

거울, 세상을 비추다

거울은 우리의 삶 곳곳에 활용되는 유용한 생활용품이자, 자동차 부품, 건물 장식 등 다양한 산업 분야에서도 중요하게 사용되는 필수품으로 자리 잡았습니다.

그렇다면 거울은 언제 처음 만들어졌을까요? 최초의 거울은 연못이나 호수 같은 잔잔한 물의 표면이었습니다. 물에 비친 자신과 사랑에 빠진 나르키소스Narcissus에 관한 그리스신화 이야기를 들어 본 적 있나요? 물을 마시려고 호숫가에 갔다가 수면에 비친 자신의 모습에 반하게 된 그는 닿을 수 없는 존재를 갈망하다 결국 죽음에 이르고 말아요. 이후 나르키소스는 자기 자신에게 애착하는 일을 뜻하는 단어 나르시시즘narcissism의 어원이 되었습니다. 이렇듯 잔잔한 수면은 인류 최초의 대중적인 거울이었어요.

아무리 잔잔해도 물의 표면은 쉽게 흔들려 형태를 알아보기 어렵고, 가지고 다닐 수도 없었죠. 그래서 사람들은 돌을 갈아 매끈하게 윤을 내 거울로 이용하기 시작했어요. 그 뒤로는 구리, 청동 등 금속이 거울의 재료가 됐답니다. 인류 최초의 금속 거울은 이집트 피라미드에서 발견된 구리거울로, 약 5,000년 전에 만들어진 것으로 추정하고 있어요. 중국에서는 약 4,000년 전부터 청동거울을 사용했다고 알려져 있죠. 하지만 돌이나 금속으로 만든 거울은 아무리 매끄럽게 만든다 해도 선명하지 않고 흐릿하게 보이는 등 한계가 있었습니다.

투명하고 면이 고른 유리 거울이 등장한 것은 12~14세기 무렵이에요. 과학이 발달하면서 유리 제조 기술도 발전했습니다. 유리 제조 기술이 가장 발달한 곳은 이탈리아 베네치아였어요. 베네치아의 유리 기술자들은 유리의 한쪽 면에 은이나 주석 등을 바르면 거울이 된다는 사실을 발견했습니다. 이렇게 유리 기술자의 손으로 만들어진 유리 거울이 유럽 곳곳에 전해지면서, 금속 거울은 역사 속으로 사라지게 됐죠. 하지만 유리 거울은 아무나 가질 수 없었습니다. 만드는 과정이 어렵고 까다로운 만큼 값이 무척 비쌌기 때문이에요. 그래서 유리 거울은 당시 부를 상징하는 물건으로 여겨졌어요.

19세기에 이르러 고체 재료 표면에 얇은 은박을 입히는 은도금

기술이 거울에 적용되면서, 거울의 대량생산이 이루어지기 시작했습니다. 그 결과 거울은 사치품에서 일상 생활용품으로 자리 잡게 됐죠. 현재는 비싼 은이 아닌 알루미늄을 입힌 거울이 주로 사용되는데, 알루미늄은 은보다 반사율이 떨어지지만 색이 변하지 않는다는 장점이 있답니다.

거울에 숨겨진 빛의 반사 원리

거울에는 빛과 관련된 과학 원리가 숨어 있습니다. 빛은 성질이 같은 물질 내에서 직진하는 특성을 가지고 있어요. 하지만 물체에 부딪히면 진행 방향이 바뀝니다. 이를 '반사'라고 해요. 우리가 사물을 볼 수 있는 것은 빛 덕분입니다. 조금 더 정확하게 표현하면 빛이 반사하는 원리로 사물을 볼 수 있는 것이죠. 햇빛이나 조명 등 광원에서 출발한 빛이 물체에 부딪혀 반사되고, 반사된 빛이 우리 눈으로 들어오는 과정을 거칩니다. 영화관에도 같은 원리가 적용돼요. 상영관 뒤쪽에 있는 영사기(광원)에서 스크린(물체)을 향해 빛을 내보내면, 스크린은 그 빛을 영화관 전체에 골고루 반사해 관객들이 영화를 감상할 수 있도록 합니다.

유리와 같은 매끄러운 표면에서는 빛이 일정한 방향으로 '정반사'합니다. 나무와 같은 거친 표면에서는 빛이 다양한 방향으로 '난반사'하죠. 정반사가 일어나면 물체를 비춰 볼 수 있지만, 난반

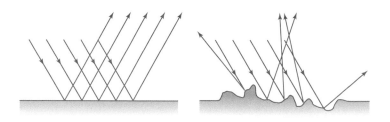

정반사와 난반사

사가 일어나면 물체를 비춰 볼 수 없습니다. 거울은 매끄러운 표면에서 빛이 정반사하는 성질을 이용한 것입니다.

보통 거울이라 하면 대부분 평면거울을 떠올릴 거예요. 그런데 거울은 표면이 어떻게 생겼느냐에 따라 종류가 달라집니다. 표면이 평평하면 평면거울, 오목하면 오목거울, 볼록하면 볼록거울이라 부르죠. 평면거울은 물체의 모습을 실제와 최대한 비슷하게 보여 줍니다. 표면이 평평하고 매끄러울수록 모든 빛이 일정한 각도로 반사되고, 이때 사물이 실제와 가장 비슷하게 보여요. 우리가 사용하는 대다수 거울은 평면거울이랍니다.

평면거울은 좌우가 바뀌어 보인다는 특징을 가지고 있습니다. 구급차를 살펴보면 차 앞부분에 '119 구급대' 또는 'AMBULAN-CE'라는 글자가 좌우 반전되어 쓰인 경우가 있어요. 이는 다른 운전자가 룸 미러로 구급차를 볼 때 알아보기 쉽게 하기 위해서예요. 사물의 크기와 거리를 정확하게 보여 주지만, 좌우가 바뀌어 보이는 평면거울의 특징을 고려한 것입니다. 룸 미러는 다른 차와의 거리를 정확하게 가늠할 수 있도록 평면거울로 만들거든요.

오목거울은 가까이 있는 물체는 크게, 멀리 있는 물체는 거꾸로 회전한 모양으로 작게 보여 줍니다. 그래서 좁은 입안을 자세히 보기 위한 치과용 거울로 주로 쓰이죠. 오목거울에 비친 빛은 하나의 점으로 모이는 특징이 있어요. 현미경, 자동차 전조등에 오목거울을 사용하면 빛을 모아 줘 물체를 더 밝게 볼 수 있어요.

볼록거울로는 물체가 멀고 작게 보이지만 더 넓은 범위를 볼 수 있습니다. 볼록거울은 도로에서 쉽게 볼 수 있어요. 곡선으로 휘어진 길에 있는 도로 반사경이 바로 볼록거울이죠. 도로 반사경을 이용하면 반대편 모퉁이에서 오는 차를 확인하기 쉬워 사고 위험을 줄일 수 있습니다. 슈퍼마켓이나 대형 할인점 모퉁이에도 볼록거울이 설치돼 있어요. 매장 안을 한눈에 살펴, 물건을 도둑맞는 것을 예방하기 위해서랍니다.

사람의 마음을 움직이는 거울

거울은 다양한 예술 작품의 소재로도 자주 등장합니다. 현실과 비현실, 감각과 관념의 세계를 가르는 상징이 되기도 하고, 작품에 새로운 시선을 더하는 도구로 활용되기도 하죠. 이상의 시 「거울」, 윤동주의 시 「참회록」 등에서 거울은 현대인의 분열된 자아를 드러내는 통로, 자아를 성찰하게 만드는 매개체로 등장합니다.

이렇듯 거울은 나의 모습을 비춘다는 특성 때문에 인간의 내면 깊숙한 곳을 들여다보게 하는 심리 효과를 형성하곤 합니다.

미국 기업 오티스Otis는 세계 최초로 현대적인 엘리베이터를 만들어 낸 회사입니다. 그런데 이들은 초기에 고객들로부터 엘리베이터 속도가 너무 느리다는 불평을 자주 듣곤 했어요. 이에 회사는 엘리베이터 안에 거울을 설치하는 방법으로 생각보다 간단하게 문제를 풀 수 있었습니다. 고객들이 엘리베이터 속도가 느리다고 느낀 진짜 이유는 지루함 때문이었거든요. 엘리베이터 안은 좁고 밀폐된 공간이다 보니, 여기서 오는 지루함이 엘리베이터가 느리다는 불만으로 이어졌던 거죠. 오티스가 엘리베이터에 거울을 설치한 이후 엘리베이터 판매량이 급증했다고 합니다.

심리학 이론 중에는 '거울 자아 이론'이라는 게 있어요. 다른 사람들이 바라보는 나의 모습, 혹은 타인이 나에게 기대하는 모습을 거울삼아 거기에 비친 나를 흡수해 자아상을 형성해 가는 것을 의미합니다. 한마디로 타인의 의견에 반응하면서 사회적 자아가 형성된다는 개념이죠.

그런가 하면 '거울 효과'라는 심리 이론도 있는데요. 미국의 심리학자 비먼A. L. Beaman이 1979년 핼러윈 기간에 사탕을 받으러

온 아이들을 대상으로 한 실험을 통해 입증한 효과를 말합니다. 그는 아이들에게 사탕을 한 개씩만 가져가도록 한 뒤, 사탕 바구니 옆에 거울을 설치한 경우와 아닌 경우에 어떤 차이가 나타나는지 확인했습니다. 그 결과 거울이 있던 실험군에서 사탕을 한 개만 가져간 아이의 비율이, 거울이 없는 실험군보다 네 배나 높았어요. 누군가 지켜본다고 느껴지면 부정적인 행동을 삼가는 심리가 작동한 것이죠.

여러분도 거울 때문에 나도 모르게 마음이 움직인 경험이 있을 겁니다. 바로 백화점에서 말이죠. 백화점에는 에스컬레이터나 엘리베이터 주변, 매장 벽면 등에 수많은 거울이 있습니다. 백화점에 거울이 많은 이유는 사람들이 거울에 비친 자신의 모습을 무의식적으로 보게 해 걷는 속도를 늦추기 위해서예요. 사람의 심리를 이용해 백화점에 오랜 시간 머물며 쇼핑을 더 많이 하도록 유도하는 거죠.

백화점 매장에는 두 종류의 거울이 있어요. 벽면에는 볼록거울이, 옷을 입어 보는 피팅룸에는 오목거울이 설치되어 있습니다. 매장 벽면의 볼록거울은 매장을 넓어 보이게 만들어요. 반면에 피팅룸의 오목거울은 대개 살짝 기울어진 전신 거울로, 몸을 더 날씬하게 보여 주는 효과가 있습니다.

뇌가 인식하는 거울

거울의 세계에서 절대로 빠질 수 없는 것이 반투명 거울입니다. 한 면은 거울이고 다른 한 면은 유리여서 '한 방향 거울one-way mirror'이라고도 부르죠. 대형 건물 벽면의 유리나 경찰서 취조실 벽 등에 설치됩니다. 보통 평면거울을 제작할 때는 유리 한 면에 알루미늄 같은 빛 반사 물질을 가루 형태로 입히는 작업을 합니다. 이를 '실버링'이라고 하는데, 그 위에 검정 페인트 같은 불투명 물질로 막을 씌워요. 반투명 거울은 이 실버링 두께를 절반으로 줄이고 코팅 작업을 생략해, 받는 빛의 양에 따라 거울 또는 유리로 기능하도록 한 것입니다.

대개 취조실은 반투명 거울을 경계로 관찰실과 분리되는데, 빛이 환한 취조실에서 반투명 거울을 바라보면 취조실 내부가 그대로 비칩니다. 반대편 관찰실이 어둡다 보니 거울을 통해 취조실로 들어오는 빛이 없고, 취조실 내부의 빛만 반투명 거울에 반사되기 때문이에요. 반면에 관찰실에서 보는 반투명 거울은 마치 유리처럼 맑아서, 취조실이 훤히 보입니다. 컴컴한 관찰실에서는 반투명 거울이 반사시킬 빛이 없어요. 그 대신 취조실 빛의 일부가 거울을 통과해 상대편이 잘 보이죠. 집에서도 이와 비슷한 현상을 관찰할 수 있습니다. 낮에는 유리창을 통해 바깥 풍경이 잘 보이지만, 밤이 되어 밖이 컴컴해지고 집 안이 밝아지면 마치 거울처럼 유리창이 집 내부를 비춰 보이는 걸 확인할 수 있어요.

한편 인간의 뇌에는 '거울 뉴런mirror neuron'이 있습니다. 이 거울 뉴런은 다른 사람의 행동을 보고 있기만 해도, 마치 내가 그 행동을 하는 것처럼 활성화돼요. 드라마 속 주인공이 위급한 상황에 놓이면 같이 안절부절못하거나, 하품하는 사람을 보면 나도 모르게 따라서 하품하게 되는 이유죠. 학자들은 거울 뉴런이 인간이 사회적 존재가 되는 데 필요한 핵심 부위라고 말합니다. 거울 뉴런을 통해 인간이 타인의 의도를 파악하고 공감하는 능력을 획득했고, 이로써 공동체를 형성하고 사회와 국가를 이루며 살 수 있었다고 보는 것이죠. 한편 사회적 상호작용과 다른 사람과의 교류가 어려운 자폐증 환자의 경우에는 거울 뉴런이 거의 활동하지 않습니다. 자폐증의 원인이 거울 뉴런계의 손상 때문이라는 '깨진 거울broken mirror' 가설도 제기된 바 있죠.

휴대폰의 후면 카메라로 찍힌 내 얼굴을 보면 어딘가 어색하게 느껴졌을 거예요. 이 역시 뇌의 작용과 관련이 깊습니다. 사람은 우뇌의 시각 정보처리 능력이 뛰어나기 때문에, 자신이 보는 방향의 왼쪽 얼굴 위주로 전체 얼굴을 인식하는 경향이 있다고 해요. 그런데 거울에 비친 내 얼굴과 후면 카메라로 찍은 사진상에 나타나는 왼쪽 얼굴은 서로 반대여서 결과적으로 우뇌에 인식되는 모습이 다른 거죠.

"시리야" 대신 "거울아!"

　미래에는 각종 가전제품에 사물 인터넷이 결합돼 사용자 맞춤형 서비스가 제공될 텐데, 거울에도 IT 기술이 적극 활용돼 놀라운 기술이 구현될 것으로 보입니다. 안면 동작 인식 기술이 적용된 스마트 거울이 대표적이에요. 이 거울은 사용자의 미소, 윙크, 눈 깜빡임 등 몇 가지 표정을 인식해 그에 해당하는 명령을 수행합니다. 모바일 기기의 핵심 기능들이 거울로 연동돼 있어 관련 정보가 거울에 표시되거든요. 말이나 터치 없이 거울에 특정 표정을 지어 보이면 관련 명령을 실행해, 세수나 양치를 하면서 거울로 날씨 및 메일 정보를 확인할 수 있습니다. 또 거울에 내장된 카메라로 사진을 찍어 원하는 곳으로 파일을 전송할 수도 있어요. 그런가 하면 집이 비어 있을 때 거울이 외부 침입자를 인식해 주

인의 스마트폰으로 신호를 보내기도 합니다.

옷이나 모자 등을 살 때 직접 착용해 보지 않고도 나와 어울리는지 쉽게 알아볼 수 있다면 얼마나 편할까요? 의류 업체와 정보 통신 기업들은 옷, 모자, 신발 등을 미리 착용해 보고 어울리는지 살펴볼 수 있는 '버추얼 드레싱virtual dressing' 서비스를 내놓고 있습니다. 자신의 모습을 사진으로 촬영해 업로드한 뒤에 아바타로 활용하는 것인데, 거울 속 자신의 아바타 위에 원하는 옷과 신발을 입혀 보면서 상품을 고르는 데 도움을 받을 수 있습니다. 온라인 쇼핑몰뿐 아니라 오프라인 쇼핑몰에서도 상품을 직접 입어 보기 번거로울 때 사용할 수 있어요. 또한 이 서비스에 증강 현실 기술을 더하면 자신이 고른 상품에 대한 정보까지 자연스럽게 거울에 나타나기 때문에 물건을 고르기가 한층 용이해집니다. 화장품을 고를 때도 자신의 얼굴 사진을 미리 등록해 놓으면 거울 속 자신의 얼굴 사진에 제품을 발라 보면서 색이 어울리는지 판단할 수 있습니다. 코로나19로 비접촉 생활 문화가 자리 잡으면서 버추얼 드레싱 서비스에 더욱 관심이 모이고 있어요.

한편 SF 영화 〈아이언맨Iron Man〉, 〈마이너리티 리포트Minority Report〉에는 투명한 디스플레이 위에서 일하는 모습이 나오는데, 이러한 투명 디스플레이 기술이 차세대 미래 기술로 주목받고 있습니다. 특히 능동형 '유기 발광 다이오드OLED'는 '자체 발광 디스플레이'라 불리는데, 다양한 화면뿐만 아니라 스마트폰의 디스플레이 소재로도 떠올라 앞으로 생활 속에서 널리 사용될 수 있다는 기대감을 모으고 있습니다. 투명 디스플레이 시장이 더욱 활성화 되면 향후 메타버스(현실과 같은 사회·경제·문화 활동이 이뤄지는 3차원 가상공간) 시장에서도 경쟁력을 확보할 수 있을 것으로 보여요. 미래의 거울은 과연 어디까지 비출 수 있을까요?

권력과 염원을 담은 거울

과거에는 거울이 권력층의 전유물이었습니다. 유리가 없던 시절이라 만들기 어렵고 가격도 매우 비쌌거든요. 당시에는 주로 돌이나 은·동으로 거울을 제조했는데, 뒷면을 인물·누각·신선·나무·꽃·물고기·새 등 화려한 무늬와 글씨로 장식해 공예품으로 애용했습니다.

거울은 고가의 제품이다 보니 단순히 얼굴을 비추는 역할을 넘어 권력이나 신분을 상징하기도 했어요. 또 종교적인 의식이나 주술적인 용도로도 쓰였습니다. 청동기시대에 족장은 목에 청동거울을 걸고 농사가 잘되게 해 달라고 하늘에 제사를 지냈어요. 무당들은 거울을 보며 집 나간 사람이나 잃어버린 물건의 행방을 점쳤다고 해요. 거울·칼·방울은 이들의 장식품이자 주술에 쓰이는 도구였다는 이야기도 전해집니다.

거울에 관한 이야기는 고문헌에도 기록돼 있습니다. 우리나라의 건국 관련 설화가 대표적이죠. 태조 왕건은 낡은 거울에 암호처럼 새겨진 글자들을 보고 고려 건국을 결심했다고 해요. 당시 당나라 상인 왕창근이 가져온 그 거울에는 왕건이 궁예를 몰아내고 왕이 된다는 암시가 담겨 있었습니다. 태조 이성계도 거울이 요란스럽게 깨지는 이상한 꿈을 꾼 뒤에 한 스님에게서 자신이 왕이 될 거라는 놀라운 해몽을 전해 듣고 조선 건국 계획을 실행에 옮길 수 있었습니다. 경북 포항 내연산 기슭에 자리한 신라 시대의 사찰 보경사는 대덕 스님이 중국에서 가져온 팔면경을 내연산 아래 못에 묻고 그 위에 건립한 것이라는 설화도 전해집니다.

2 화학이

벌인

한판 뒤집기

황금이 된
소금의 정체

조미료 가운데 가장 오랜 역사를 자랑하는 소금. 소금은 거의 모든 요리에 사용될 정도로 쓰임새가 다양합니다. 국을 끓이고 나물을 무치고 고기에 간을 할 때는 물론이고, 장을 담그거나 염장 식품을 만들 때도 필수적으로 사용되죠. 젓갈, 장아찌, 김치 등 각종 염장 식품은 보존 기간이 긴데, 이는 소금으로 인해 발생하는 '삼투현상' 때문이에요.

영화나 애니메이션에서 바다 한가운데서 조난당해 표류하고 있는 주인공을 본 적이 있나요? 내리쬐는 햇빛 때문에 목이 바싹 말라 가는 주인공 주변에 보이는 것이라고는 바닷물뿐이에요. 그런데 이때 목이 마르다고 해서 바닷물을 마시면 안 됩니다. 바닷물에 포함된 소금이 탈수 현상을 가속화하기 때문이에요. 바닷물을 마시면 당장은 목마름을 해소
할 수 있을지 몰라도, 바닷물 속의
소금 성분이 체내에 들어오면 우
리 몸은 물을 더 필요로 하게 됩니
다. 같은 이유로, 음식을 짜게 먹으
면 물을 많이 마시게 되죠.

삼투현상이란 양쪽 용액에 농도 차가 있을 경우, 농도가 낮은
곳에서 높은 곳으로 용매가 옮겨 가는 현상을 말합니다. 바닷물
은 우리 몸보다 염도가 높기 때문에 바닷물의 염분이 혈액 속으
로 흡수되는 현상이 이루어지고, 결국 세포 속의 수분이 빠져나가
갈증이 더 심해지게 되는 거예요. 이와 같은 원리로, 식품 속에 있
던 수분이 바깥의 높은 소금 농도를 희석시키기 위해 빠져나가면
부패의 원인균인 미생물들의 생육이 억제됩니다. 식품 내부의 수
분이 고갈되면서 세균이 말라 죽어 보존 기간이 길어지는 것이죠.
기온이 높은 남쪽으로 갈수록 음식의 간이 강해지는 이유도 음식
이 빨리 상하는 것을 막기 위한 노력의 결과랍니다.

흔하지만 귀한 결정체

삼투현상을 일으키는 소금은 염화나트륨^{NaCl}을 주성분으로 하

는 대표적인 조미료로, 나트륨^{Na}과 염소^{Cl}가 동일한 비율로 이온결합(양이온과 음이온 사이에 서로 끌어당기는 힘으로 만들어지는 화학결합)된 물질입니다. 나트륨 원자 1개당 염소 원자 1개가 만나 만들어지는데, 이때 나트륨은 전자를 하나 잃어 양이온이 되고, 염소는 전자를 얻어 음이온이 돼요. 전하의 종류가 다른 두 이온 사이에는 강한 인력이 작용하기 때문에 이온결합 물질들은 녹는점이 높습니다. 따라서 소금도 녹는점이 약 800℃, 끓는점이 약 1,500℃에 달하죠. 단 물리적 충격에는 약해 쉽게 부서지며, 물과 섞이면 쉽게 용해되는 성질도 지닙니다. 소금을 결정 상태 그대로 가열해 액체로 변화시키려면 엄청난 열이 필요하지만, 끓는 물에 넣으면 쉽게 녹는 이유는 이 때문이에요.

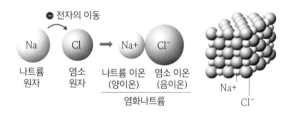

염화나트륨의 이온결합 구조

소금은 지구 곳곳에 다양한 형태로 존재합니다. 우리나라 염전에서 생산되는 소금은 '천일염'으로, 주로 수심이 깊지 않고 밀물과 썰물 때의 물 높이의 차이(조차)가 큰 서해안·남해안 일대에서 생산됩니다. 그중에서도 전라남도 신안군은 국내 천일염의 65%

를 공급하는 대표적인 생산지입니다. 현재 전 세계에서 생산되는 소금의 약 3분의 1은 천일염으로, 오스트레일리아, 멕시코, 서유럽 지중해 연안이 대규모 염전 지대로 꼽혀요.

천일염 제조 방식이 도입되기 전에는 바닷물을 가마솥에 넣고 끓여 소금을 얻었다고 해요. 우리나라에서는 일제강점기인 1907년부터 대동강 하구를 중심으로 염전이 형성되며 천일염이 제조됐습니다. 이 일대는 조차가 크고 일조량이 많은 데다 강수량이 적어 천일염을 제조하기에 매우 적합했죠. 이후 대규모 염전이 북한 땅이 되면서 우리나라에서는 다시 정부가 염전 개발을 장려했고, 1955년부터 소금이 자급자족됐어요. 현재는 각종 개발 사업으로 과거에 비해 염전이 많이 줄어든 상태입니다.

현재 전 세계에서 가장 많이 생산되는 소금은 '암염'입니다. 암염은 지각변동으로 인해 과거의 해양지각이 산으로 솟아오르면서 그 일대에서 나오게 된 것으로 '히말라야 핑크 솔트'가 가장 유명해요. 참고로 우리나라에서는 암염이 생산되지 않습니다.

그런가 하면 기계 공정을 거쳐 생산되는 '정제염'도 있습니다. 이것은 바닷물을 미세한 구멍을 가진 '이온 교환막'으로 통과시켜 얻는 순도 높은 염화나트륨 결정체예요. 바닷물이 막을 통과할 때 나트륨과 염소 이온만 투과되고 불순물이나 중금속 등이 걸러져 위생적이긴 하나, 무기질과 미네랄 등이 사라져 영양적 가치는 떨어져요. 단, 대량생산이 가능하고 가격이 저렴해 라면, 과자 등 가

공식품 제조에 주로 사용됩니다. 가정에서는 정제염에 MSG를 첨가한 맛소금을 주로 이용합니다.

소금 결정은 채굴 지역에 따라 각기 다른 색을 내기도 합니다. 지열과 압력, 주변 성분 등이 영향을 주는 것인데, 흔히 '용암 소금'이라고 불리는 하와이산 소금은 화산섬에서 추출돼 검은색을 띱니다. 이 검은 소금은 지하에서 숯, 활성탄 등과 접촉하며 생성됐어요. 이란 북부의 에르구르즈산맥에서 채취되는 '페르시안 솔트'는 푸른빛을 띠는 최고급 유색 소금으로, 결정이 생길 당시 자연의 엄청난 압력에 의해 구조에 변형이 생겨 푸른색을 갖게 됐습니다. 그런가 하면 일명 '딸기 우유 호수'로 불리는 세네갈의 레트바에서는 홍조류의 영향으로 분홍색 소금이 추출돼요.

왜 소금을 섭취해야 할까?

인간이 소금을 채취하기 시작한 것은 기원전 6000년경으로 거슬러 올라갑니다. 수렵 생활을 하던 당시에는 고기를 통해 자연스럽게 염분을 섭취할 수 있었습니다. 이후 농경 생활이 이루어지고 육류 위주에서 곡류와 채소 위주의 식단으로 바뀌면서 나트륨 섭취가 어려워졌어요. 이 때문에 인류가 나트륨을 따로 섭취했다는 주장이 정설로 받아들여지고 있습니다.

소금에는 인간이 생명을 유지하는 데 반드시 필요한 무기질인 나트륨과 염소가 포함되어 있습니다. 이 중 나트륨은 체내에 적정량이 유지되지 않으면 몸이 제대로 작동하지 않을 정도로 매우 중요한 물질이에요. 참고로 체내 나트륨 함유량은 체중 1kg당 1,550mg 정도입니다. 예를 들어 체중이 60kg인 사람이라면 몸속에 약 90g의 나트륨이 들어 있다고 볼 수 있어요.

나트륨은 신경 신호를 전달하는 역할을 합니다. 자극이 없는 평상시에 신경세포 내외부는 각각 음전하(-)와 양전하(+)를 띠는데, 자극을 감지하면 내외부의 전하가 바뀌면서 신경 반응을 유도해요. 이는 신경세포 밖에 있던 나트륨 이온이 세포 안으로 유입되면서 발생합니다.

그런가 하면 나트륨은 칼륨과 함께 세포 안팎의 수분량을 조절하는 역할을 합니다. 나트륨은 주로 세포 안의 수분량을 조절하고, 칼륨은 세포 밖의 수분량을 조절하죠. 이로써 세포 안팎의 수분 균형이 이뤄지면서 신체 평형이 일정하게 유지돼요. 그 밖에 나트륨은 음식물의 소화와 흡수를 돕고, 근육의 수축 및 이완 과정에 관여하기도 한답니다.

동물들도 인간처럼 소금을 챙겨 먹습니다. 아프리카 케냐 서부에 있는 높이 2,400m의 엘곤산에는 코끼리가 여러 세대에 걸쳐 파헤쳐 온 동굴이 있습니다. 코끼리가 공들여 동굴을 파 온 이유는 소금을 얻기 위해서입니다. 코끼리는 동굴 속에 있는 바위틈으로 흘러나온 소금 및 다양한 미네랄 성분이 함유된 물을 마셔요.

초식동물인 코끼리는 육류를 섭취하지 않아 체내 나트륨이 부족해지기 쉬우므로 소금을 얻기 위해 동굴을 찾는 것으로 보입니다. 야생 염소의 경우에는 바위 절벽에 붙어 있는 소금을 핥아먹기 위해 거의 90도 각도의 수직 암벽을 기어오릅니다. 이 외에도 소금을 보충하기 위해 북극곰은 해초를, 고릴라는 썩은 나무를 먹는답니다.

하얀 황금, 권력이 되다

소금은 오래전부터 부와 권력을 상징했습니다. 이 때문에 소금을 일컬어 '하얀 황금'이라 부르기도 했죠. 일찍부터 소금이 많이 나는 곳은 사람들이 모여드는 장소였고, 무역의 중심지가 됐습니다. 시장이 형성되고 교역이 활발해짐에 따라 도시의 규모 또한 커졌으며, 소금으로 인해 종종 정복 전쟁이 벌어지기도 했어요.

여러분은 급여를 뜻하는 영어 단어 salary가 소금을 어원으로 한다는 사실을 알고 있나요? 그 기원은 고대 로마 시대로 거슬러 올라갑니다. 고대 로마 제국에서는 병사들의 봉급을 소금으로 지급했어요. 소금을 뜻하는 라틴어 'sal'에서 소금을 지급한다는 뜻의 라틴어 'salarium'이 파생됐고, 여기서 오늘날의 'salary'가 나오게 됐죠. 당시 소금은 급여로 지급될 만큼 가치 있는 물건이었습니다.

과거에 소금은 동서양을 막론하고 귀하게 다뤄졌어요. 18세기 이전 유럽에서 정교하고 화려하게 장식된 소금통은 주인의 지위를 나타냈습니다. 식탁 한가운데에 소금 그릇을 놓고 조금씩 덜어 가도록 했는데, 귀한 손님일수록 소금 그릇과 가까운 곳에 앉혔다고 해요. 우리나라에서는 종묘제례에 호랑이 모양 따위를 본떠서 굳혀 만든 소금인 '형염型塩'을 제물로 올리기도 했어요.

한편 소금은 전쟁 과정에서도 필수품이었습니다. 중세 유럽에서는 전쟁을 위해 소금 확보에 열을 올렸어요. 전쟁 중 식량을 오랜 기간 상하지 않게 보관하려면 소금에 절여야 했기 때문이에요. 병사들이 다쳤을 때도 소금물로 치료했다고 합니다.

과거에 소금은 전 세계적으로 국가가 독점 판매하는 전매품으로, 민간에서 사사로이 생산하거나 판매할 수 없었습니다. 중국 진나라의 시황제는 소금 전매제를 도입해 이를 국가 부의 원천으로 삼았습니다. 만리장성의 막대한 건설 비용 또한 소금 전매제를 통해 거두어들였다고 해요. 우리나라에서도 오래전부터 소금을 생산했는데, 삼국시대에 이미 소금이 있었으며 공물로 사용되기도 했다는 기록이 남아 있습니다. 이후 고려 초 소금 전매제가 처음 도입돼 국가에서 소금 생산을 모두 관리했어요. 조선 시대에도 고려의 소금 전매제를 계승해 생산과 유통을 통제했습니다.

소금은 사회 변화와 혁명의 원인이 되기도 했습니다. 1789년 프랑스대혁명이 일어난 여러 원인 중 하나는 바로 소금이었어요. 프랑스에서도 소금 전매제가 시행돼 소금에 비싼 세금을 붙여 팔았는데, 소금세가 날이 갈수록 높아지면서 시민들의 고통이 극심했습니다. 18세기 초에는 소금값이 생산가의 140배까지 오를 정도였죠. 참다못한 시민들은 거리로 나섰고, 이는 혁명의 도화선이 됐습니다.

인도에서도 소금세 폐지를 주장하며 비폭력 저항운동이 일어났어요. 1930년 당시 영국은 식민지 인도에서 소금의 생산과 판매를 통제하고 소금에 과도한 세금을 부여했습니다. 이에 인도의 독립 운동가 마하트마 간디Mahatma Gandhi는 소금세 폐지를 주장하며 인도의 서쪽 해안까지 약 400km를 걷는 '소금 행진'을 벌였습니다. 행진이 끝날 무렵 대열은 6만여 명으로 불어났죠. 소금 행진은 인도인들의 시민 불복종 운동을 이끌어 내는 계기가 됐습니다.

초대형 자연 배터리로 떠오르는 소금

오늘날 소금의 쓰임새는 굉장히 다양합니다. 전 세계 소금 사용량의 80% 정도가 공업용으로 이용되는데, 특히 화학공업에서 유용하게 사용됩니다. 소금의 구성 성분인 나트륨은 주기율표상 1족 원소로 다른 원소들과 쉽게 반응하는 성질이 있어, 다양한 화학물질을 만드는 재료 또는 화학반응의 촉매제로 이용돼요.

한편 소금은 비누나 유리, 도자기, 가죽을 만드는 데도 사용됩니다. 또 종이나 섬유를 표백하거나 물을 소독할 때, 반도체 산업에서 불순물을 제거할 때도 이용돼요. 도로의 얼음이나 눈을 녹일 때도 쓰입니다. 바닥에 소금을 뿌리면 '어는점 내림(액체에 다른 물질, 곧 용질이 용해되면 액체의 어는점이 내려감)' 현상으로 인해 한겨울 한파 속에서도 물이 얼지 않을 수 있어요.

최근에는 소금을 이용한 에너지 저장 시스템이 주목받고 있습니다. 간단히 말해 초대형 소금 배터리 시스템이 개발되고 있는 셈입니다. 실제 미국의 네바다사막에는 '용융염'을 이용한 태양광 발전소 '크레센트듄스 용융염 태양열발전소'가 운영 중입니다. 용융염 발전소로는 세계 최대 규모인 이곳은 낮에 저장한 에너지로 해가 진 후 10시간 동안 인근 지역의 7만 5,000여 가구에 전기를 공급하고 있습니다.

용융염 발전은 우리가 먹는 소금을 물에 녹여서 전기를 저장하는 발전소는 아닙니다. 용융은 물질이 녹아 서로 섞인 상태를 말하는 것으로, 질산나트륨과 질산칼륨의 혼합물을 260℃ 이상의 고온으로 가열해 액체로 변한 상태를 용융염이라고 합니다. 이렇게 만들어진 용융염은 열에너지를 오랜 시간 보존할 수 있어요.

용융염 발전은 태양광 발전과 상호 보완적으로 작동하고 있습니다. 태양광 발전은 환경오염을 막는 신재생 에너지로 각광받고 있는데, 태양이 떠 있는 한낮에는 발전이 가능하지만 해가 진 뒤나 날씨가 흐릴 때, 비가 올 때는 발전할 수 없다는 단점이 있죠. 용융염 발전은 태양에너지로 먼저 용융염을 만들고, 이 용융염이 저장하고 있는 열에너지를 밤에 사용하는 식으로 이루어지기 때문에 24시간 사용할 수 있다는 장점이 있어요.

구글의 모기업인 알파벳은 '몰타 프로젝트'를 통해 용융염을 이용한 에너지 저장 시스템 개발에 나섰습니다. 호주에서도 용융염 에너지 저장 시설이 건설되고 있죠. 전문가들은 이 시스템이 배터리 분야의 최신 기술인 리튬 이온 배터리보다 신재생 에너지를 더 싼 값에 오래 저장할 수 있을지에 대한 연구를 이어 가고 있습니다. 용융염 발전은 아직 건설비도 많이 들고 발전 단가도 비싼 편이지만, 환경을 오염시키지 않는 신재생 에너지라는 이점이 있어 미래의 유망 에너지원으로 떠오를 가능성이 커요.

짜게 먹으면 건강에 안 좋은 이유

우리나라 사람들은 김치나 찌개류를 즐기는 식문화 탓에 소금 섭취량이 많은 편입니다. 세계보건기구WHO에서 권장하는 소금 섭취량은 하루 평균 5g입니다. 그런데 우리나라 성인의 하루 평균 소금 섭취량은 12~13g으로 WHO 권장량의 2~3배에 달해요. 전문가들은 짠 음식에 익숙해진 입맛을 개선하기 위해 가장 먼저 가공식품 섭취량을 줄일 것을 권고하고 있습니다. 소금은 거의 모든 가공식품에 포함되어 있기 때문이죠.

국이나 찌개를 먹을 때는 소금이 많이 함유되어 있는 국물을 적게 먹고, 건더기 위주로 먹는 습관을 들여야 해요. 라면 국물 역시 나트륨 함량이 높기 때문에 가급적이면 남기는 것이 좋습니다. 그 대신 나트륨 배출을 돕는 칼륨이 풍부한 바나나, 감자, 키위, 수박, 토마토 등을 꾸준히 챙겨 먹는 것이 좋아요.

소금을 과도하게 섭취하면 고혈압, 뇌졸중, 위암 등에 걸릴 확률이 높아집니다. 이 중 고혈압은 우리나라 30대 남성 3명 중 1명, 여성 4명 중 1명이 앓을 정도로 흔한 질환이에요. 고혈압에 걸리면 정상인보다 관상동맥 질환이 발생할 위험이 3배 높고, 심부전증이나 뇌출혈 등이 발생할 수 있어 매우 위험합니다.

연필심으로 다이아몬드를 만든다면

다이아몬드

'보석의 왕'으로 불리는 다이아몬드는 변치 않는 특유의 맑고 아름다운 광택으로 사람들의 마음을 사로잡아 왔습니다. 과거에 왕과 귀족의 전유물로 사랑받으며 승리와 영원을 상징했던 이 보석은 현재 전 세계에서 결혼 예물로 가장 높은 인기를 누리고 있죠. 천연 광물 가운데 빛을 굴절시키는 정도가 가장 높은 다이아몬드는 옛날부터 '하늘에서 지구로 떨어진 별 조각', '신이 흘린 눈물방울'이라고 불릴 만큼 아름다움과 우아함을 자랑했습니다. 신화 속에서 다이아몬드는 죽음을 앞둔 사람의 목숨을 되살려 주는 등 신비로운 힘을 지닌 보석으로 자주 등장하기도 해요.

다이아몬드는 최고의 열 전도성을 자랑해 첨단 소재로도 주목받고 있습니다. 순수 탄소 결정체이자 지구상의 광물들 가운데 가장 단단해 과학적으로도 탐구할 가치가 높아요. 그런데 이처럼 무색투명한 다이아몬드가 화려한 색깔의 다른 보석들을 제치고 보석의 왕좌에 오른 데는 역사적인 사연도 깃들어 있답니다.

문명과 탐욕의 결정체

다이아몬드는 기원전 800년 무렵 인도에서 처음 발견된 것으로 추정됩니다. 금을 채굴하던 사람들에 의해 우연히 발견됐는데, 처음에 이들은 다이아몬드의 가치를 전혀 알지 못했어요. 그러다 다이아몬드가 고대 그리스와 로마를 거쳐 서유럽까지 수입되면서 입소문이 나기 시작했죠. 워낙 양이 적고 귀하다 보니 왕이나 귀족들이 이를 독점하다시피 했습니다.

성경에도 등장하는 다이아몬드는 중세까지는 고유의 빛깔을 가진 루비나 에메랄드보다 인기가 떨어졌어요. 그러다 17세기 말 이탈리아에서 다이아몬드에 빛을 더하는 '연마법'이 발명되었습니다. 주로 돌이나 쇠붙이, 보석, 유리 따위의 고체를 갈고 닦아서 표면을 반질반질하게 만드는 방법이죠. 이후부터 다이아몬드는 보석의 왕 자리를 굳히게 되었습니다.

19세기 중반에 접어들면서 인도뿐만 아니라 브라질과 남아프리카 등지에서도 다이아몬드 광산이 발견됐어요. 채굴 기술 또한 눈부시게 발전하면서 세계적으로 유통량이 크게 증가했습니다. 1866년 남아프리카에서 발견된 다이아몬드에는 '유레카'라는 이름이 붙기도 했어요. 유레카는 고대 철학자 아르키메데스 Archimedes가 목욕을 하던 중에 무언가를 새롭게 발견했을 때 외친 말인데, 다이아몬드를 발견할 당시 사람들이 얼마나 기뻐했던 것인지 짐작이 됩니다. 남아프리카는 유레카를 계기로 세계적인 다이아몬드 산지로 주목받았습니다.

이후 1888년 한 영국인이 남아프리카에 '드비어스De Beers'라는 다이아몬드 생산 업체를 설립했어요. 드비어스는 남아프리카의 풍부한 다이아몬드 채굴량을 기반으로 전 세계 다이아몬드 원석 공급 물량의 90% 이상을 독점했습니다. 이 업체는 다이아몬드 공급량을 조절하며 마음대로 가격을 주무르기 시작했고, "다이아몬드는 영원하다."라는 광고 문구를 내세우기도 했답니다.

인도와 브라질, 남아프리카에 이어 1960년대에는 꽁꽁 얼어붙은 러시아에서도 품질이 우수한 다이아몬드 원석이 발견됐어요. 호주에서는 1970년대에 처음으로 다이아몬드가 채굴되었는데 이후 현재까지 세계적인 생산량을 자랑하고 있습니다. 이곳에서 채굴되는 다이아몬드는 분홍색을 띠는 것이 많고, 장신구뿐만 아니라 공업용으로도 활발하게 이용되고 있답니다.

'블러드 다이아몬드Blood Diamond'라는 말을 들어 본 적 있나요? 이는 아프리카의 고질적인 분쟁 지역에서 반군이 몰래 반출한 다이아몬드를 뜻합니다. 대표적인 다이아몬드 산지인 아프리카에는 콩고와 시에라리온, 앙골라 등과 같이 분쟁이 끊이지 않는 지역이 많습니다. 이곳에서는 반군이 엄청난 양의 다이아몬드를 국제시장에 밀수출하고 그 돈으로 무기를 구입해 살상을 일삼는 경우가 많아요. 이에 다국적 다이아몬드 업계를 중심으로, 블러드 다이아몬드가 국제시장에 유통되는 것을 차단하기 위한 자정 노력이 시작되었습니다. 그 결과가 바로 2002년에 구축된 '킴벌리 프로세스'입니다. 킴벌리 프로세스는 분쟁 지역의 무기 구입 자금원이 되는 블러드 다이아몬드가 국제시장에 유통되는 것을 막기위해 다이아몬드의 원산지를 추적할 수 있도록 한 국제 협의체입니다. 킴벌리 프로세스 참여국들은 원산지가 상세히 기록된 증명서를 다이아몬드와 함께 유통시키게 되며, 법적으로 구매자들은 증명서가 첨부되지 않은 다이아몬드는 구매할 수 없습니다. 우리나라 역시 2003년부터 킴벌리 프로세스에 참여하고 있답니다.

단단한 아름다움, 10점 만점에 10점

다이아몬드는 지구의 가장 깊은 곳에서 수억 년 동안 높은 열과 압력을 받으며 만들어졌습니다. 그리고 약 1억 5,000년 전에

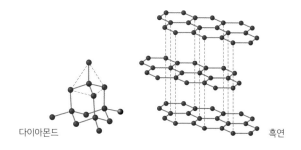

다이아몬드

흑연

다이아몬드와 흑연의 원자 구조

화산활동과 지진 등 지각변동의 영향을 받아 지상 가까운 곳까지 운반되었죠. 이로 인해 인류에게 발견되기 시작했고, 점차 발견 지역도 확대되고 있어요. 그렇다면 다이아몬드는 어떤 구조로 이루어져 있을까요?

다이아몬드는 탄소 원자로만 이루어져 있습니다. 1개의 탄소 원자가 다른 4개의 탄소 원자와 정사면체 형태로 결합한 치밀한 구조로, 이러한 결합은 매우 단단해 잘 끊어지지 않기 때문에 단단한 다이아몬드 결정을 이룹니다.

연필심의 주재료인 흑연 역시 다이아몬드와 똑같이 탄소 원자만으로 이루어져 있어요. 하지만 같은 원자로 이뤄졌어도 원자의 배열 차이로 인해 다이아몬드와는 완전히 다른 성질을 갖게 되죠. 흑연은 모든 탄소 원자가 다른 3개의 탄소 원자와 결합해, 육각형 모양이 계속 이어지는 얇은 판 모양을 이루고 있습니다. 이때 육각형의 탄소 결합은 단단해서 잘 깨지지 않지만 판과 판 사이는 매우 약하게 결합돼 있어, 흑연으로 만든 연필심은 칼로 살짝만 긁어도 쉽게 부스러질 정도로 무릅니다.

한편 다이아몬드는 모든 보석 가운데 지표로부터 가장 깊은 곳에서 형성됩니다. 보석이 만들어지기 위해서는 적절한 온도와 압력이 필요한데, 다이아몬드는 지하 120~200km 깊이의 맨틀 상부에서 1,500℃에 이르는 고온, 6만 5,000기압에 이르는 고압 조건에서 생성돼요. 땅속 깊은 곳에서 생성된 다이아몬드는 마그마의 급격한 상승 운동에 의해 지표 가까이 운반되고, 이후 '킴벌라이트Kimberlite'라고 불리는 암석에서 채굴되죠. 킴벌라이트란 흑운모를 함유한 감람암으로, 남아프리카의 킴벌리에서 나는데 이들 중 단 5%만이 다이아몬드를 함유하고 있다고 해요. 그리고 그 가운데 다시 5%만 상업적으로 채굴할 가치를 지닌답니다. 다이아몬드를 얻기가 얼마나 힘든지 알겠죠?

다이아몬드의 무한 변신

이렇게 무시무시한 온도와 압력을 견디고 탄생한 만큼 다이아몬드의 경도(단단한 정도)는 자연의 그 어떤 물질보다 높습니다. 독일의 광물학자 프리드리히 모스Friedrich Mohs가 고안한 경도 표시법인 '모스 경도'에서 다이아몬드는 경도 10에 해당해요. 모스 경도란 경도가 서로 다른 10가지 종류의 광물을 기준이 되는 표준

광물로 정하고, 이 중 가장 무른 것을 1도, 가장 단단한 것을 10도로 분류해 다른 광물의 굳기를 측정하는 방법이에요. 두 광물을 서로 긁었을 때 흠집이 나는 광물을 관찰해 경도를 상대적인 수치로 나타낸 것이죠. 참고로 여기서 도수는 단순히 굳기의 상대적인 순서일 뿐 10도가 1도의 10배가 되는 것은 아니랍니다.

이처럼 경도가 높은 다이아몬드는 알루미늄과 유리 같은 비금속 재료를 정밀하게 가공하는 데 사용됩니다. 물론 이때는 값비싼 보석용 다이아몬드 대신 공업용 다이아몬드가 쓰여요. 참고로 다이아몬드는 경도가 높은 대신 강도는 낮은 편이라 쇠망치로 내리치는 등 충격을 주면 깨져 버릴 수 있답니다.

다이아몬드는 열을 매우 잘 전달해 전자 제품의 열전도체로 사용됩니다. 반면에 전기가 잘 안 통하는 부도체이기도 한데, 최근에는 부도체인 다이아몬드를 전기가 잘 통하는 도체나 반도체로 바꿀 수 있는 기술이 등장했어요. 미국 매사추세츠공대 연구진이 나노미터nm, 즉 10억분의 1미터 수준의 다이아몬드 결정을 변형해 원래 가지고 있던 부도체의 성질을 바꾸는 데 성공한 거예요.

다이아몬드의 전기 전도를 인위적으로 조정할 수 있다면 태양전지나 발광다이오드LED의 배터리나 반도체에 활용할 수 있어요. 현재는 반도체를 만들 때 주로 실리콘을 사용하는데, 다이아몬드는 실리콘보다 14배나 열을 잘 전달하기 때문에 에너지 손실이 적고 효율이 높다는 장점이 있습니다. 그래서 다이아몬드는 '궁극의 반도체'로 불린답니다. 또한 거의 모든 종류의 빛을 변형 없이 잘 통과시킨다는 장점 때문에 미국항공우주국은 우주 탐사선의 창문을 만들 때 다이아몬드를 활용하고 있어요.

최고의 몸값을 자랑하는 보석이지만 최근 영국과 일본에서는 다이아몬드를 소재로 배터리를 개발했습니다. 핵폐기물을 캡슐로 만들어 인조다이아몬드 안에 넣은 것으로 핵폐기물에서 나오는 방사성물질을 에너지원으로 삼아 전기를 생산하는 동시에 핵폐기물을 안전하게 보관할 수 있죠. 다이아몬드 배터리는 수명이 100년 정도나 되기 때문에 충전 없이 오래 사용할 수 있어요. 따라서 오랜 기간 동안 임무를 수행하는 우주 탐사선이나 인공위성의 차세대 배터리로 주목받고 있답니다.

진짜인 듯 진짜 아닌 진짜 같은 너

과거에 사람들이 연금술로 금을 만들기 위해 노력한 것처럼, 다이아몬드를 인공적으로 만들기 위한 노력 역시 이어졌습니다. 비록 금은 인간의 힘으로 만들어 낼 수 없었지만 인조다이아몬드를 만드는 일은 가능해요. 참고로 여기서 말하는 건 겉모습만 유사한 모조품이 아니라 천연 다이아몬드 원석과 화학적 구조 및 특성이 동일한 인조품을 가리킵니다. 한마디로 '진짜 같은 가짜'인 것이죠. 그렇다면 합성다이아몬드는 어떻게 만들어졌을까요?

1953년 발트자르 폰 플라텐Baltzar von Platen은 스웨덴의 전기 회사에서 합성다이아몬드와 관련된 연구를 하던 중, 자연에서 다이아몬드가 생성되는 조건과 유사한 고온·고압 상태를 재현하는 데 성공했습니다. 앞서 이야기했듯, 다이아몬드는 탄소 원자 4개가 모인 정사면체가 끊임없이 반복되는 구조를 지니고 있어요. 용암이 뿜어져 나올 때의 엄청난 온도와 압력에 의해 이러한 구조로 뭉쳐집니다. 이 점에 착안해 흑연과 금속 촉매를 섞은 뒤에 7만 5,000기압과 1,700℃ 이상의 고온에 노출하는 합성다이아몬드 제조법을 알아냈습니다.

그로부터 1년 뒤 미국의 제너럴일렉트릭사GE로부터 합성다이아몬드 제작을 의뢰받고 상업적으로 생산하기 시작했답니다. 하지만 우여곡절도 많았습니다. 다이아몬드와 똑같이 탄소로 이뤄진 흑연에 수백 기압의 높은 압력을 가하는 과정에서 실험 용기가

폭발해 많은 사람이 목숨을 잃기도 했죠.

인공적으로 만들어진 다이아몬드 결정은 그 단단함을 이용해 항공기나 전자 제품의 부품을 자르는 공구로 사용되고 있습니다. 건물을 철거하는 공사 현장에서는 철근콘크리트 구조물을 잘라내기 위해 다이아몬드 절삭기를 쓰죠. 컴퓨터에 사용되는 인쇄회로 기판PCB이나 발광다이오드, 태양전지의 배터리 제조에도 가격이 저렴한 공업용 다이아몬드가 주로 활용되고 있답니다.

최근에는 실험실에서 만들어진 합성다이아몬드가 보석 시장에도 도전장을 내밀었습니다. 진짜처럼 순도가 높은 합성다이아몬드를 만드는 기술이 눈부시게 발전한 덕분이에요. 영국에서는 메탄과 수소가스를 이용해 일주일 만에 1캐럿짜리 다이아몬드를 만드는 데 성공했습니다. 방법은 이렇답니다. 작은 다이아몬드 결정을 '씨앗'처럼 진공상태의 합성 용기에 넣습니다. 그리고 메탄과 수소 가스를 주입한 뒤 용기 내부의 온도를 3,000℃까지 올려 '플라스마(원자핵과 전자가 분리된 기체 상태)'로 만들었죠. 그 과정에서 메탄가스가 분해되면서 탄소 원자가 튀어나와 다이아몬드 씨앗에 결합하면서 탄소 결정으로 빠르게 자라납니다. 이렇게 만들어진 합성다이아몬드는 진짜 다이아몬드와 경쟁할 수 있을 정도로 품질이 뛰어나고 대량생산도 가능해 주목받고 있어요.

오늘날에는 나노 기술이 눈부시게 발전하면서 블록 쌓기를 하듯 미세한 원자나 분자를 자유자재로 조립할 수 있게 됐습니다.

덕분에 다이아몬드를 만들어 내는 현대판 연금술을 실현하기가 더욱 수월해졌죠.

　순수한 탄소 원자로 이뤄진 천연 다이아몬드는 무색투명하고 빛을 100% 반사합니다. 그로 인해 무지갯빛을 발산하며 매우 반짝거리죠. 그런데 여기에 불순물이 포함되면 특정 파장의 빛이 흡수되면서 무색투명함이 약해집니다. 다이아몬드의 가치가 결정되는 데 순수성은 그만큼 중요합니다. 사실 갓 채굴된 다이아몬드는 대개 질소로 인해 옅은 노란색이나 갈색을 띤답니다. 참고로 다이아몬드는 99.95%의 탄소와 나머지 0.05%의 질소·산소·수소·황·붕소 등으로 이뤄져 있습니다.

지구가 다이아몬드로 이뤄져 있다?

다이아몬드로 만들어진 행성이 있다면 어떨까요? 다이아몬드 행성은 멀리서 찾을 필요가 없습니다. 지구 자체가 사실 거대한 다이아몬드로 이뤄진 행성이거든요. 2018년 매사추세츠공대는 지구의 땅속 깊은 곳에 다이아몬드가 묻혀 있다는 흥미로운 연구 결과를 발표했습니다. 그 장소는 바로 '대륙괴'로, 이곳의 1~2% 정도가 다이아몬드로 이뤄져 있으며 그 양은 1,000조 톤 이상일 것으로 추정된다고 해요. 대륙괴는 캄브리아기(고생대의 첫 시대로 약 5억 7,000만~5억 1,000만 년 전까지의 시기) 이후로 심한 지각변동을 받지 않은, 매우 안정된 대륙 지각을 뜻합니다.

대륙괴에 묻혀 있는 다이아몬드는 돈으로 따지면 계산이 불가능할 정도라고 해요. 하지만 이처럼 아무리 엄청난 양의 다이아몬드가 땅속에 묻혀 있다 해도 '그림의 떡'에 불과합니다. 지표에서 무려 200km 정도 아래에 위치해 있기 때문이죠. 연구진은 "지질학적으로는 다이아몬드가 매우 흔하디흔한 광물이며, 많은 양의 다이아몬드가 땅속에 매장되어 있지만 현대 기술로는 사실상 채굴이 불가능하다."라고 말했어요. 다이아몬드는 알면 알수록 쉽게 정복할 수 없는 돌인 듯해요.

엘리베이터 타고
우주여행을

탄소

    뉴스를 보다 보면 '탄소'라는 단어가 자주 등장하죠? 이산화탄소 때문에 지구 기온이 높아지고 있다거나, 탄소 배출량을 줄여야 기후변화를 늦출 수 있다는 이야기들이었을 거예요. 이런 뉴스를 접하다 보면 탄소가 나쁜 물질인 건가 하는 의문이 듭니다. 마치 모든 문제의 근원이 탄소인 것처럼 생각되기도 해요.

    그런데 탄소가 이런 이야기를 들으면 무척 억울해할 것 같아요. 탄소가 기후변화의 원인이 되는 물질인 건 맞지만, 대기 중 탄소량의 증가로 기후변화가 가속화된 이유는 인간이 무분별하게 화석연료를 소비했기 때문이거든요. 지구의 오랜 역사에서 기후는 줄곧 변화해 왔지만 지금은 자연현상이 아닌 사람 때문에 기후가 변하고 있습니다.

그동안 탄소는 생명체의 탄생부터 인류 문명, 여러 산업에까지 다양하게 관여해 왔습니다. 탄소는 지구를 지탱하는 가장 중요한 원소 중 하나로, 인체를 구성하는 기본 요소이기도 해요. 과학자들은 탄소가 미래 산업을 이끌 거라고 전망하기도 하죠. 과연 탄소의 진짜 정체는 무엇일까요?

세상 만물에 깃든 6번 원소

물질의 최소 단위로 더 이상 분해되지 않는 것을 '원소'라고 합니다. 탄소는 지구상의 총 118개 원소 가운데 원자 번호 '6번'에 해당하는 원소예요. 숯을 뜻하는 라틴어 'carbo'의 첫 글자 'C'를 기호로 사용하고요. 모든 원소는 이처럼 고유 번호와 기호로 표현됩니다.

탄소는 자연을 비롯한 세상 만물에 포함되어 있습니다. 지구상에서 탄소의 자취를 살펴보면 암석이나 광물에도 많이 들어 있고, 생명체 속에도 주요 성분으로 포함되어 있으며, 석유·석탄 등의 연료를 비롯해 대기 중이나 바다에도 널리 퍼져 있는 것을 확인할 수 있습니다. 또 의복이나 화장품, 플라스틱 등 각종 생필품의 주요 원료이자 공업 재료의 꽃이기도 해요.

탄소는 땅과 대기, 바다, 생태계 사이를 순환합니다. 이를 '탄소

순환'이라고 하는데, 순환 과정에서 탄소의 형태는 자유자재로 바뀝니다. 대기 중의 이산화탄소는 식물의 광합성을 통해 생물권으로 유입되는데, 식물은 이산화탄소를 유기물로 변환해 체내에 저장합니다. 유기물이란 '생체를 이루며 생체 안에서 생명력에 의해 만들어지는 물질'을 뜻해요. 생물권에 존재하고 있던 이산화탄소는 동식물의 호흡 작용을 통해 다시 대기권으로 빠져나갑니다.

대기 중의 이산화탄소는 바다로 흡수되기도 하는데, 이산화탄소가 해수에 녹으면 그중 일부는 '탄산 이온'이 됩니다. 이것은 바닷속 칼슘 이온과 만나 해양 생물의 골격이 되는 탄산칼슘을 만들죠. 유기물 형태의 탄소는 먹이사슬을 따라 생산자에서 소비자, 분해자로 이동합니다. 이처럼 탄소는 여러 가지 방식으로 지구상의 각 구성 요소 사이를 순환하고 있어요.

인류 문명 탄생의 원동력

탄소는 인류 문명을 꽃피운 원동력이기도 합니다. 인류는 약 50만 년 전부터 불을 사용했고, 1만 2,000여 년 전 농경 생활을 시작했습니다. 불은 셀룰로오스(포도당으로 된 단순 다당류의 하나로, 고등식물 세포막의 주성분)라는 탄소 유기물을 주성분으로 하는 연료가 산소와 만나 연소되는 과정이고, 농경은 동식물 속 탄소 유기물을 식량으로 확보하는 과정이었어요.

증기기관의 개발로 시작된 18세기 산업혁명은 탄소화합물인 석탄을 에너지원으로 사용했습니다. 20세기 들어 고도로 발달한 문명 역시 탄소화합물인 석유를 통해 얻은 에너지를 동력으로 이용했죠. 오늘날 인류는 석탄과 석유 없이는 존재하기 힘들 정도로 탄소를 이용한 화석연료에 크게 의존하고 있습니다. 만약 탄소가 없었다면 인류 문명은 어떻게 됐을지 상상조차 하기 어려워요.

탄소는 순수 상태에서도 여러 형태의 물질을 이룹니다. 그런데 이것이 다른 원소와 결합한 화합물 상태가 되면 그야말로 '천의 얼굴'로 변신해요. 필수 영양소인 탄수화물·지방·단백질 등의 구성 원소가 되는가 하면, 약의 필수 성분이자 화장품·의복·탄산음료·플라스틱·드라이아이스 등 각종 물질의 재료가 되죠. 아마 탄소가 없었다면 지구에 생명체가 탄생하지 않았을지도 모릅니다. 탄소는 인간을 포함한 모든 동식물의 DNA에도 포함되어 있으니까요.

아이언맨 슈트, 실제로 만들 수 있을까?

가장 아름다운 보석으로 불리는 다이아몬드, 연필심의 원료인 흑연, 검은 덩어리의 연료 숯을 전자현미경으로 들여다보면 탄소 원자밖에 보이지 않습니다. 셋 다 탄소로만 이뤄진 물질이기 때문인데, 이처럼 같은 원자로 이뤄진 물질들을 '동소체同素體'라고 합니다. 이들이 같은 성분으로 이뤄져 있어도 각기 다른 물질이 된 이유는 바로 원자들의 배열 방식에 차이가 있기 때문입니다.

20세기 들어 나노 과학이 눈부시게 발전하면서 탄소의 또 다른 동소체가 발견됐습니다. 그중 하나가 바로 '탄소 나노 튜브'예요. 탄소 나노 튜브는 빨대처럼 관 모양을 형성하고 있는 물질로, 6개의 탄소로 이뤄진 육각형 구조가 그 안을 메우고 있습니다. 이 관은 아주 가늘어서, 탄소 나노 튜브 10만 개를 한 다발로 묶어야 겨우 머리카락 1개 굵기가 될 정도예요. 길이는 두께의 무려 1만 배 정도로 길게 만들 수 있죠. 탄소 나노 튜브의 강도는 강철의 100배에 이를 정도로 우수하고, 높은 열전도율과 전기전도율을 갖고 있어 일반 탄소섬유 이상의 폭넓은 활용도를 자랑합니다.

2012년 런던 올림픽 400m 육상경기에서 양발에 의족을 착용한 선수가 비장애인 선수들과 당당히 겨뤄 조 2위로 예선을 통과

하고 준결승에 진출해 전 세계에 감동과 환희를 줬습니다. 이 선수가 착용한 의족의 소재가 바로 '탄소섬유'였습니다. 무게가 강철의 4분의 1로 가벼우면서도 강철의 10배 강도를 자랑하죠. 게다가 탄성력도 우수해 다리의 충격을 완화해 주고 활동성을 높여줍니다. 현재 탄소섬유는 의족뿐 아니라 골프채, 낚싯대, 테니스 라켓 등의 소재로 다양하게 활용되고 있습니다. 최근에는 스포츠 분야 외에도 항공기, 풍력발전 시설, 자동차 등의 소재로 사용되며 활용 범위가 계속해서 넓어지고 있어요.

한편 탄소 나노 튜브는 그동안 상상 속에만 존재했던 우주 엘리베이터를 현실화하는 데 매우 큰 역할을 할 것으로 기대됩니다. 현재 미국 항공우주국은 우주 엘리베이터를 개발하기 위한 연구를 진행하고 있습니다. 우주 엘리베이터는 탄소 나노 튜브 케이블을 이용해 지구 적도 위 50km 높이의 타워와 지표면에서 3만 6,000km 높이에 위치한 인공위성을 연결하는 작업이에요. 이 프로젝트가 성공하면 미래에 우리는 엘리베이터를 타고 우주여행을 하게 될지도 모릅니다.

탄소 나노 튜브처럼 탄소 원자로만 이뤄진 또 다른 대표적인 탄소 동소체로 '그래핀graphene'이 있습니다. 그래핀은 육각형 벌집 모양의 탄소들이 한 겹으로 연결된 형태의 아주 얇고 단단한 물질이에요. 이것은 의외로 간단한 방법으로 발견됐습니다. 영국 맨체스터대 안드레이 게임Andre Geim·콘스탄틴 노보셀로프

Konstantin Novoselov 교수는 흑연 덩어리에 반복적으로 셀로판테이프를 붙였다 떼어 내는 방법으로 아주 얇은 흑연 덩어리를 얻었어요. 여기에 특수 용액을 뿌려 셀로판테이프를 녹이자 그래핀 조각이 남게 됐죠. 두 사람은 꿈의 물질인 그래핀을 발견한 공로로 2010년 노벨 물리학상을 받았습니다.

그래핀은 휘거나 비틀어져도 깨지지 않습니다. 따라서 그래핀을 이용하면 얇으면서도 휘어지는 '플렉시블 디스플레이Flexible Display'를 만들 수 있어요. 또 그래핀은 전자가 빠르게 흐르는 성질을 지니고 있어 배터리가 필요한 전자 제품에 활용하기 안성맞춤입니다. 그래핀은 빛의 98% 이상을 통과시킬 정도로 투명해 반도체나 태양전지 등의 성능을 획기적으로 높일 수 있을 것으로 기대돼요.

영화에서 아이언맨의 슈트는 슈퍼 히어로답게 적과 격렬한 전투를 벌여도 찢어지거나 손상되지 않습니다. 만약 이 슈트를 실제로 만든다면 어떤 기술이 필요할까요? 현재까지 개발된 기술 가운데 가장 적용 가능성이 높은 것은 바로 탄소 나노 튜브와 그래핀 기술입니다. 두 물질은 강철보다 훨씬 강해 무수히 쏟아지는 총알도 튕겨 내고, 매우 가벼워서 몸에 걸친 채로 나는 데 무리가 없어요. 또 구부러질 수도 있고 탄성이 탁월해 몸에 밀착되게 만들 수 있죠.

탄소를 관리해야 지구가 산다

2018년 여름, 우리나라는 40℃ 이상의 폭염을 기록했습니다. 2020년에는 40일이 넘는 긴 장마가 이어지기도 했죠. 이렇듯 극심한 이상기후 현상은 기후변화 때문에 일어납니다. 기후변화의 주요 원인은 산업화 이후 증가한 온실가스입니다. 온실가스는 석탄과 석유를 이용한 발전소에서 배출되는 대기오염 물질, 자동차에서 배출되는 배기가스 등에서 나오는데, 대표적인 예로 석탄과 석유의 연소로 발생하는 이산화탄소가 있어요. 이산화탄소는 지구 표면에서 나오는 에너지를 흡수해 대기권 밖으로 빠져나가지 못하도록 막습니다. 이때 에너지가 대기에 남아 기온이 상승하게 되는데, 이를 '온실효과'라고 합니다. 현재 이산화탄소 농도는 전 세계적으로 급격히 늘어나고 있어요.

2015년 온실가스 감축을 위해 중국과 미국 등 전 세계 195개국이 프랑스 파리에 모여 '파리기후변화협약'을 맺었어요. 기존 기후변화 협력 체계에 대한 협의인 '교토 의정서'가 2020년 만료됨에 따라 2021년부터 195개국이 자발적으로 온실가스 감축에 동참했습니다. 파리기후변화협약의 핵심은 산업화 이전 시기 대비 지구 평균기온 상승 폭을 2℃ 이하로 유지하는 것으로, 이를 위해 각국은 탄소 배출량 감소 정책을 적극적으로 추진하기로 했어요. 우리나라는 파리기후변화협약을 통해 2030년까지 이산화탄소 배출 전망치 대비 37%를 감축하겠다는 목표를 세웠답니다.

온실가스 감축을 위해 마련된 대표적인 제도로 '온실가스 배출권 거래제'가 있습니다. 정부가 기업에 특정 기간 동안 온실가스를 배출할 수 있는 권리를 일정 수준까지만 배정하고, 이를 초과하는 부분은 기업이 자체적으로 감축하거나, 온실가스를 적게 배출하는 기업으로부터 온실가스를 배출할 권리를 구매해 충당할 수 있도록 한 제도예요. 온실가스를 줄이는 데 비용이 많이 드는 기업은 자체적인 감축 대신 시장에서 배출권을 구입하고, 감축 비용이 적게 드는 기업은 남은 배출권을 시장에 팔아 수익을 얻을 수 있도록 했죠. 유럽연합은 2005년, 우리나라는 2015년부터 이 제도를 시행했습니다. 그러나 우리나라에서는 아직 온실가스 배출권 거래 시장이 활성화되지 않는 등 진통을 겪고 있는 상황이랍니다.

이산화탄소는 공장이나 자동차에서만 배출되는 게 아니라 일상생활에서도 쉽게 발생합니다. 기업, 국가 등 단체뿐만 아니라 개인이 발생시키는 온실가스, 특히 이산화탄소의 총량을 '탄소 발자국carbon footprint'이라고 해요. 일상생활에서 발생하는 탄소 발자국의 양은 의외로 많습니다. 아침에 일어나 세수를 하기 위해 화장실 전등을 켜면 86g, 아침밥을 먹기 위해 식탁의 전등을 켜면 383g의 탄소 발자국이 발생해요. 또 학교에 갈 때 버스를 타면 167g, 수업을 들을 때 교실의 전등을 켜면 293g, 숙제할 때 컴퓨터를 사용하면 51.6g, 텔레비전을 시청하면 128g의 탄소 발자국이 발생합니다. 우리가 무심코 이용하는 것들에서 생각보다 많은 이산화탄소가 발생하죠?

탄소 발자국을 아예 없애는 것은 불가능합니다. 다만 절전 형광등 설치, 실내 적정 온도 유지, 에어컨 필터 청소, 전기 제품 플러그 뽑기 등을 통해 탄소 발자국을 줄일 수 있으니, 쉬운 것부터 하나씩 실천해 보면 좋을 듯합니다. 이러한 탄소 발자국을 계산해 제품에 표기하는 '탄소 라벨링 제도'가 2007년 영국에서 만들어져 2009년 우리나라에 도입되었는데, 탄소 라벨을 확인하면 제품이 생산되기까지 발생한 탄소의 양을 알 수 있습니다. 평균 탄소 배출량보다 적거나, 저탄소 기술을 적용해 탄소 배출량 감축률이 4.24% 이상인 제품을 '저탄소 제품'이라고 해요. 소비자가 저탄소 제품을 골라서 사는 습관을 들인다면, 기업도 좀 더 친환경적인 제품을 생산하기 위해 노력하지 않을까요?

다양한 화합물이 생성되는 비결

원자는 원자핵과 전자로 이뤄져 있습니다. 전자들은 원자핵 주위를 돌며 일정한 궤도를 이루는데, 이때 가장 바깥 궤도를 도는 전자를 '최외각 전자'라고 해요. 최외각 전자는 다른 원자와 결합하는 일종의 '손' 역할을 하기 때문에 그 수로 원자의 결합 형태가 좌우되며 나아가 물질의 화학적 성질까지 결정됩니다.

탄소는 주기율표 14족에 속합니다. 주기율표는 원자번호의 차례대로 왼쪽에서 오른쪽으로 배열하고, 비슷한 성질의 원소가 나타날 때마다 그것을 위아래로 겹치도록 배열합니다. 가로를 주기, 세로를 족族이라고 해요. 탄소와 같은 족에 속하는 원소들로는 규소(Si), 저마늄(Ge), 주석(Sn), 납(Pb), 플레로븀(Fl)이 있습니다. 주기율표에서 같은 족에 해당하는 원소들은 모두 최외각 전자수가 같은데 이로써 화학적 성질이 서로 비슷해요.

금속의 성질을 갖지 않은 비금속원소인 탄소는 최외각 전자수가 4개입니다. 4개의 최외각 전자를 이용해 다양한 형태의 공유결합을 하죠. 이는 탄소가 우리 주변에서 각종 화합물을 형성하는 비결이기도 합니다. '손'이 4개이기 때문에 탄소는 다른 원자들과 최대 4개의 결합을 형성할 수 있어요.

너와 나 사이의
손 소독제

알코올

코로나19가 전 세계적으로 유행하면서 우리 일상에서 빠질 수 없는 필수품이 생겨났습니다. 엘리베이터에도, 건물의 출입구에도 놓여 있는 손 소독제가 바로 그 주인공이에요. 손 소독제를 바르면 순간적으로 시원한 느낌이 듭니다. 소독제의 주성분인 알코올이 증발하면서 주위의 열을 빼앗아 가기 때문이에요.

알코올에 적신 솜은 주사를 맞은 뒤의 얼얼한 아픔을 누그러뜨리고 동시에 감염 위험을 막아 주는 역할을 합니다. 알코올이 세균 표면의 막을 뚫고 들어가 사멸에 이르게 하기 때문이에요. 알코올을 처음 발견하고 그 특성에 주목한 사람은 페르시아 출신의 의사이자 화학자였던 무함마드 알 라지Muhammad al-Razi라고 전해져요.

알코올을 뜻하는 영어 단어 alcohol은 술을 의미하기도 합니다. 대표적으로 알코올 중독(알코올 의존증)이라고 하면 술 중독과 같은 의미로 사용되죠. 음주가 건강에 미치는 나쁜 영향 때문에 세계보건기구WHO는 알코올을 1급 발암물질로 지정했습니다.

감염병을 막아 주는 고마운 필수품이면서도 지나치게 사용할 경우에 헤어날 수 없는 중독과 암을 불러일으키는 알코올에 대해 좀 더 알아볼까요?

손 소독제 만드는 '황금 레시피'는?

손 소독제를 만들 때는 알코올, 그중에서도 '에탄올'을 사용합니다. 세계보건기구는 손 소독제를 직접 만들어 쓰려는 사람들이 늘자 홈페이지에 제조법을 공개했어요. 이에 따르면, 농도 96%의 에탄올과 98%의 글리세롤, 3%의 과산화수소에 정제수, 또는 끓여서 식힌 물을 넣으면 됩니다. 각각의 비율은 순서대로 80:1.45:0.125:18.425가 돼야 해요. 집에서 만들기 쉽지 않아 보이지만, 약국에서 파는 소독용 에탄올에 끓여서 식힌 물을 7대 3의 비율로 섞어 만드는 방법도 있답니다.

글리세롤은 피부를 촉촉하게 해 주고 에탄올과 과산화수소는 세균이나 바이러스를 죽이는 역할을 합니다. 에탄올은 바이러스를 만나면 겉껍질에 해당되는 외피를 녹여 세포 안으로 침투해요. 외피를 잃은 바이러스는 그 안에 들어 있는 단백질 구조가 맥을 못 추게 되어 증식하지 못하고 결국 사멸합니다. 코로나19·사스·메르스를 일으키는 코로나바이러스, 계절성 독감을 불러오는 인플루엔자바이러스, 홍역바이러스는 모두 외피가 있기 때문에 에탄올을 사용하면 살균 효과를 볼 수 있어요. 그러나 가을철 호흡기 질환을 유발하는 아데노바이러스는 외피가 없기 때문에 에탄올의 효과가 떨어진답니다.

코로나바이러스는 유리나 플라스틱, 금속 등 단단한 물체의 표면에서 평균 3~5일, 최대 9일 정도나 살아남는다고 해요. 하지만 손 소독제에 노출되면 1분 안에 죽는다는 연구 결과가 나왔습니다. 단, 세계보건기구의 권고에 따르면 에탄올의 비율이 최소 60%는 돼야 효과를 발휘할 수 있습니다. 가끔 알코올 양이 적은 가짜 손 소독제가 적발됐다는 뉴스가 나오는데, 그런 손 소독제를 믿고 썼다가 아무 효과도 보지 못할 수 있는 만큼, 손 소독제를 사용할 때는 알코올의 양을 확인해 보는 것이 좋아요.

에탄올은 손 소독제뿐만 아니라 다양한 술을 만드는 데 쓰입니다. 손 소독제의 에탄올 비율이 80% 정도라면 소주는 20% 정도예요. 술에 들어 있는 알코올의 비율을 '도수'라고 하는데 도수가 높을수록 독한 술이랍니다. 알코올이 없을 때 소주로 소독하면 된다는 이야기도 있는데, 에탄올 비율이 낮은 소주로는 효과를 볼 수 없어요. 그렇지만 알코올의 비율을 높이기만 하면 소독용으로 쓸 수 있습니다. 코로나19가 확산되면서 손 소독제를 사려는 사람들이 폭발적으로 늘어나자 소주 회사에서 알코올을 기부하기도 했어요.

에탄올과 메탄올은 쌍둥이 형제?

손 소독제에 에탄올을 사용한다고 이야기했는데, 자칫 메탄올과 헷갈릴 수 있습니다. 둘 다 알코올이고 이름과 성질이 비슷한데, 화학적으로 보면 메탄올이 에탄올보다 탄소와 수소를 적게 가지고 있어 끓는점이 더 낮습니다.

두 물질의 가장 큰 차이는 독성에 있습니다. 먹을 수 있는 에탄올과 달리 메탄올은 조금이라도 노출되면 시신경을 손상시켜 시력을 잃게 만들어요. 피부에 닿거나 호흡기로 들이마셔도 독성 성

메탄올의 위험 표시

분이 몸에 흡수되고 최악의 경우 사망에 이를 수도 있습니다. 이 때문에 메탄올은 주로 눈에 띄는 파란색 통에 담겨 있고 해골 모양 등의 경고 표시가 그려져 있어요.

이렇게 위험한 메탄올은 어디에 쓰일까요? 메탄올은 무시무시한 독성을 지니고 있지만, 전 세계에서 공업용으로 가장 많이 쓰이는 화학물질이기도 합니다. 메탄올의 40% 정도는 포름알데히드라는 물질을 만드는 데 사용돼요. 포름알데히드는 가죽 제품이나 폭약, 플라스틱, 합성섬유, 건물의 단열재 등의 원료가 됩니다. 이 역시 독성이 매우 강한 물질로, 인체에 노출되지 않도록 조심해야 합니다.

메탄올이 우리 몸에 해롭다는 사실이 드러나면서 사용이 중단되는 경우도 늘고 있습니다. 자동차의 뿌연 유리창을 깨끗하게 만들어 주는 '워셔액'을 본 적이 있나요? 과거에는 메탄올로 만든 워셔액을 사용했는데, 메탄올 성분이 자동차의 에어컨이나 히터를 통해 차량 내부로 들어온다는 것이 밝혀졌습니다. 운전자가 독성 물질을 코로 마시게 되면 호흡기에 손상을 입을 수 있어 2018년부터 메탄올 사용이 금지됐고, 대신 에탄올 워셔액이 생산되기 시작했어요.

과거로 거슬러 올라가 보면, 메탄올의 독성을 잘 몰라서 사람들이 목숨을 잃는 경우가 많았습니다. 공업용 알코올인 메탄올을 술 대신 마시다가 사망하는 경우도 있었고, 메탄올 증기가 발생하는 공장에서 직원들이 시력을 잃기도 했어요. 또 약국에서 에탄올을 사야 하는데 메탄올로 잘못 사서 큰 사고로 이어진 일도 있고요. 이렇듯 메탄올을 사용할 때는 각별히 주의를 기울여야 해요.

알코올이 몸속에서 분해되는 과정

술을 마시면 일단 위에서 20%가 흡수되고, 나머지 80%는 작은창자에서 흡수됩니다. 몸에 흡수된 알코올 일부는 오줌이나 땀으로 배출되고 대부분은 간에서 해독 작용을 거치는데, 술을 지나치게 많이 마시면 몸에서는 방어 작용이 일어납니다. 위에 들어오는 알코올을 줄이기 위해 구토를 하게 되는데, 지나친 구토는 오히려 위와 식도를 손상시킬 수 있어요.

어떤 사람은 밤새 술을 마셔도 멀쩡하고 어떤 사람은 한 잔만 마셔도 얼굴이 빨개지거나 메스꺼움을 느낍니다. 이는 알코올 분해 능력이 사람마다 다르기 때문이에요. 술이 위와 간을 거칠 때 1차 분해가 일어나는데, 이때 알코올이 아세트알데히드라는 물질로 분해됩니다. 이후 2차 분해 과정에서는 알코올 분해 효소가 아세트알데히드를 아세트산으로 만듭니다. 1차 분해와 2차 분해가 정상적으로 일어나야 알코올의 독성이 우리 몸에서 사라질 수 있는 거죠. 술을 잘 먹고 숙취도 없는 사람은 술을 분해하는 화학반응이 몸속에서 잘 이뤄지고 있다고 보면 됩니다.

그렇다면 술만 먹으면 얼굴이 빨개지는 경우는 왜 그런 걸까요? 1차 분해로 생겨난 아세트알데히드를 2차 분해하는 알코올 분해 효소가 적거나 아예 없기 때문입니다. 아세트알데히드는 혈관을 팽창시켜 얼굴이나 몸이 빨개지게 만들거든요. 아세트알데히드 자체가 독성 물질이기 때문에 아세트산으로 변하지 않고 몸에 남아 있게 되면 암을 일으킬 수도 있어요. 따라서 술을 먹으면 얼굴이 빨개지는 사람은 이를 몸이 보내는 경고 신호로 받아들이고 술을 마시지 않는 편이 건강에 좋습니다.

왜 알코올에 중독될까?

어린왕자 어른들은 왜 술을 마시는 건가요?
주정쟁이 잊기 위해서지.
어린왕자 무엇을요?
주정쟁이 부끄러운 걸 잊고 싶어.
어린왕자 뭐가 부끄러운데요?
주정쟁이 술을 마신다는 게 부끄러워!

생텍쥐페리의 소설 『어린 왕자』에는 이런 대화가 나와요. 주정쟁이는 술을 마시는 행위가 부끄러워서 그것을 잊기 위해 술을 찾는다고 대답해요. 술을 마시면 우리 뇌에서 '엔도르핀'이라는 호르몬이 분비됩니다. 엔도르핀은 뇌가 만든 '모르핀'이라고 불릴 정도로 강력한 쾌감과 통증을 억제하는 효과를 지니고 있어요. 모르핀은 마약의 일종으로 진통제로도 사용됩니다. 술을 마시면 마실수록 엔도르핀의 분비량이 줄기 때문에 처음과 같은 수준의 쾌감을 경험하기 위해서는 더 많은 술을 마셔야 한답니다. 결국 술 없이는 생활할 수 없는 중독이나 의존 상태에 이르기 쉬워요.

사람들은 왜 술을 마실까요? 기쁜 일을 축하하기 위해, 또는 친구나 동료와 단합하기 위해, 슬픔이나 괴로움을 잊기 위해 등 여러 목적이 있을 거예요. 특히 우울증이나 분노조절장애, 외상후스트레스장애PTSD 등 정신 질환을 앓고 있는 사람들은 알코올 의존증에 걸리는 비율이 높게 나타납니다. 술을 마시는 동안은 불안이나 공포감이 줄어들 수 있지만 술에서 깬 뒤에는 숙취와 함께

더 심한 자괴감이 몰려올 수 있어요. 부끄러움을 잊기 위해 다시 술을 찾는 악순환이 반복되면서 알코올에 중독되는 거예요.

지나친 알코올 섭취는 간과 뇌를 손상시키고 암을 불러오는 등 건강에 나쁜 영향을 미칩니다. 알코올에 중독된 사람은 술을 끊는다고 해도 금단현상을 겪을 수 있어요. 처음에는 두통과 손이 떨리는 증상에서 시작해 환각을 보거나 발작을 일으키거나 의식을 잃을 수도 있습니다. 한 잔, 한 잔 마실 때는 기쁨을 주는 술이었지만, 중독된다면 비참한 결말을 맞을 수 있죠. 특히 우리나라는 술에 관대한 분위기가 있어 나도 모르게 알코올에 중독되는 경우가 흔히 나타나요. 알코올 중독을 치료해야 할 병이라고 생각하지 않아 병원에 갈 시기를 놓치는 사람들도 많답니다.

.

음주측정기의 원리는?

음주 측정 결과, 혈중 알코올 농도가 일정 수치를 넘어 면허가 취소됐다는 내용의 뉴스를 본 적이 있나요? 경찰이 내미는 음주측정기에 힘껏 숨을 불어넣기만 해도 폐 속에 남아 있는 알코올의 농도를 자동으로 측정할 수 있어요. 그 원리는 무엇일까요?

음주측정기에는 백금으로 만든 2개의 전극판이 들어 있습니다. 알코올 분자가 측정기 안으로 들어가 백금판에 닿으면 연소되면서 아세트산으로 산화해요. 이 과정에서 발생한 전류의 양을 측정해 알코올 농도를 알아낼 수 있습니다. 알코올의 양이 많을수록 전류도 강해져요.

혈중 알코올 농도는 혈액 100mL 속에 알코올 몇 mg이 포함되어 있는지를 퍼센트 단위로 나타냅니다. 보통 0.05%만 돼도 행동이 느려지기 시작하고 0.1%가 넘으면 균형 감각과 판단 능력이 크게 떨어져요. 0.3%를 넘으면 의식을 잃을 수 있고, 0.5%가 되면 사망에 이를 수 있습니다. 도로교통법에 따르면, 혈중 알코올 농도가 0.03% 이상 0.08% 미만이면 면허 정지, 0.08% 이상일 경우 면허가 취소됩니다.

'술을 마시면 운전하지 않는다.' 원칙만 잘 지켜도 음주 운전에 의한 안타까운 사고를 막을 수 있을 텐데, 현실은 그렇지 못합니다. 단속을 피하기 위해 입을 헹구거나 양치질을 하는 등 갖가지 꼼수가 등장하기도 해요. 그런데 구강 청정제에는 알코올 성분이 들어 있어 오히려 혈중 알코올 농도를 더 높일 수 있답니다.

불사의 꿈을
담은 기술

얼음

추운 겨울을 보내는 동안 우리는 얼음에 익숙해집니다. 꽁꽁 얼어 버린 강과 처마에 주렁주렁 매달린 고드름, 스케이트가 쌩쌩 달리는 미끄러운 얼음판은 모두 매서운 추위가 빚어낸 풍경이지요.

여름에는 또 어떤가요? 차가운 얼음을 넣은 냉면이나 화채 한 그릇은 찜통더위를 식혀 주는 고마운 음식입니다. 신라 시대에는 땅속 깊이 구덩이를 파고 벽을 돌로 쌓아 올려 만든 '석빙고'라는 얼음 창고를 이용하기도 했답니다. 그런데 불과 100년 전만 해도 얼음을 사시사철 이용하는 것은 소수에게만 허락된 특권이었다고 해요.

얼음은 미국 남북전쟁의 전세에 영향을 끼치기도 했습니다. 북군이 남부로 운반되던 얼음의 공급로를 차단해 버리자 무더위에 시달리던 남부 지역에서는 상한 음식을 먹은 사람들이 전염병으로 죽어 가는 등 큰 피해가 발생했어요.

세계는 이제 얼음을 두고 뜨거운 경쟁을 펼치고 있습니다. 얼음으로 뒤덮인 외계 행성을 탐사하는 것부터 가장 오래된 남극 얼음을 파내는 작업까지 일일이 열거하기 어려울 정도예요. 냉동 기술의 눈부신 발전은 '냉동 인간'이라는 놀라운 개념을 만들어 내기도 했습니다. 인간을 오랜 기간 동안 냉동 보존하면 불치병을 치료할 수 있을 먼 미래에 다시 깨어나게 할 수 있을까요? 냉동에서 풀려난 생명체는 신체를 원래대로 회복할 수 있을까요?

얼음 속에 숨겨진 과학

이 모든 궁금증을 불러일으킨 원인, 얼음에 대해 먼저 살펴봐요. 액체의 온도가 낮아져 고체 상태로 굳어지는 현상을 '언다'고 하고, 고체의 온도가 높아져 액체 상태로 변하는 현상을 '녹는다'고 합니다. 얼음은 액체 상태의 물이 얼어붙어 만들어진 고체를 뜻합니다. 얼음은 1기압일 때 0℃ 이하에서 생성돼요. 반대로 온도가 0℃보다 높아지면 순식간에 녹아서 물이 됩니다.

물이 얼음으로 변할 때는 주변으로 열을 내보내는데, 이를 '응고열'이라고 해요. 응고열을 얻기 위해 에스키모인은 얼음집인 이

글루에 물을 뿌립니다. 물이 얼어붙으면서 열을 방출해 집 내부 온도를 높이기 때문이죠. 같은 원리로 제주도에서는 겨울철 감귤나무에 물을 뿌려 냉해를 줄이기도 한답니다.

대부분의 물질은 액체 상태일 때는 분자 배열이 불규칙적이다가, 고체 상태가 되면 규칙적으로 변하면서 부피가 줄어듭니다. 분자 사이의 빈 공간이 줄어드는 거죠. 그런데 특이하게도 물을 얼리면 부피가 증가하며 볼록하게 솟아오릅니다. 이는 얼음 상태의 물 분자가 육각형 모양으로 결합돼 액체 상태일 때에 비해 빈 공간이 늘어나기 때문이에요. 이렇게 볼록하게 솟아오른 얼음은 물에 넣으면 물 위에 뜹니다. 이런 현상이 나타나는 이유는 무엇일까요?

그 비밀은 바로 밀도의 차이에 있습니다. 얼음은 물보다 밀도가 작아요. 무게는 그대로인데 얼음이 되면서 부피가 증가했으니 밀도가 낮아진 거예요. 물은 4℃에서 밀도가 가장 높아 1g/cm³에 이르지만, 얼음의 밀도는 0.9167g/cm³ 정도입니다. 1기압에서의

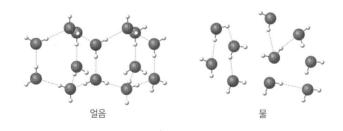

얼음과 물의 분자 구조

얼음은 물보다 8~9% 정도 밀도가 낮답니다. 이로 인해 일단 물이 얼면 바닥에 가라앉지 않고 표면에 동동 떠 있을 수 있는 거예요. 얼음이 수면 위를 덮고 있어 물속에 사는 생명체들은 추운 겨울에도 얼어 죽는 것을 피할 수 있답니다.

혹시 얼음이 정확히 무슨 색인지 알고 있나요? 투명한 얼음, 흰색 얼음, 파란색 얼음 등 제법 다양한 색이 머릿속을 스칠 거예요. 얼음 속에 들어 있는 공기나 먼지 같은 불순물은 빛의 반사를 일으킵니다. 얇은 얼음은 빛을 그대로 통과시켜 투명하게 보이지만 불순물이 포함된 두꺼운 얼음은 하얗게 보이죠. 또 빙하 같은 매우 두꺼운 얼음은 파장이 긴 빛을 흡수하고 파장이 짧은 파란빛을 반사시켜 푸르스름하게 보인답니다. 한편 물속 공기 입자가 빠져나올 수 있도록 팔팔 끓인 물을 냉동실에서 서서히 얼리면 불순물이 보이지 않는 투명한 얼음을 얻을 수 있어요.

세상에 이런 얼음이?

수십만 년 동안 녹지 않은 극지방의 빙하는 지구의 기후변화를 담은 타임캡슐로 불리기도 합니다. 대륙에 눈이 쌓여 얼음 결정으로 변하는 과정에서 대기 중의 공기를 비롯해 먼지나 꽃가루가 얼음 속의 기포에 갇히거든요. 남극 빙하를 시추해 공기 방울을 분석하면 과거의 기후를 연대별로 복원할 수 있답니다. 2013년에는 무려 150만 년의 기후 역사를 담고 있는 얼음 지역이 남극 대륙에서 발견돼 세상을 놀라게 했어요. 세계 각국은 남극의 얼음층을 분석하는 데 열을 올리고 있습니다. 특히 중국은 150만 년 전의 얼음층을 조사하기 위해 깊이 구멍을 파는가 하면, 다섯 번째 남극 기지 설립을 추진해 서방 국가들을 긴장시키고 있답니다.

깊은 바닷속에서는 '가스 하이드레이트'라는 물질이 발견되기도 합니다. 지상보다 압력이 30배나 높고 온도는 영하로 곤두박질치는 무시무시한 환경에서 만들어지죠. 가스 하이드레이트는 메테인과 천연가스 등이 물과 섞여 얼어붙은 물질로, 아이스크림 케이크를 녹지 않게 해 주는 드라이아이스와 비슷한 모양입니다. 불을 붙이면 물 분자에 갇혀 있던 가스 성분들이 활활 타오르기 때문에 '불타는 얼음'이란 별명을 얻기도 했죠. 1990년대 후반부터 발견되기 시작해 석탄과 석유를 대체할 차세대 에너지원으로 주목받고 있답니다.

이번에는 우주로 눈길을 돌려 볼까요? 2014년에 개봉해 큰 인기를 끌었던 영화 〈인터스텔라Interstellar〉에는 얼음으로 뒤덮인 천체가 등장합니다. 실제로 태양계에도 이런 천체들이 존재하고 있습니다. 바로 목성의 위성인 유로파와 가니메데, 토성의 위성인 엔셀라두스, 왜소 행성 명왕성 등이죠. 이들 천체는 표면이 얼음으로 뒤덮여 있어 온도가 매우 낮을 것으로 추측되지만, 생명체가 존재할 가능성이 매우 높을 것으로 짐작되고 있어요. 천체 내부의 지각 활동이나 주변 천체와의 상호작용에 의해 발생한 열이 얼음을 녹여 지하에는 바다가 존재할 확률이 크기 때문이에요. 특히 유로파와 가니메데의 경우는 많은 관측 결과들이 이러한 가능성을 뒷받침하고 있어 과학자들의 기대를 한 몸에 받고 있답니다.

우리 일상에서 접할 수 있는 독특한 얼음으로는 겨울철 교통사고의 주범, '블랙 아이스'가 있습니다. 도로를 포장한 검은 아스팔트 위에 덮여 있어 블랙 아이스란 이름을 얻게 되었는데, 얼핏 눈으로 봤을 때는 얼음이 얼지 않은 도로와 구분이 어려워요. 방심한 운전자들에게 큰 사고를 불러일으켜 '도로 위의 살인자'라고도 불리죠.

냉동 인간 만드는 법

지금은 동네 마트만 가도 신선한 먹거리를 살 수 있습니다. 냉장·냉동 기술의 발전이 없었다면 불가능한 일이죠. 무더위에 상한 음식을 먹은 사람들이 전염병으로 죽어 가는 등 얼음이 없던 시절에는 불편함이 이만저만이 아니었습니다.

이처럼 식물이나 동물 세포는 영하 18℃ 이하에서 매우 빠르게 냉동되면 손상되지 않아요. 미국 농무부의 클래런스 버즈아이

Clarence Birdseye는 에스키모인이 식품을 냉동해 보관하는 모습을 관찰하다 이를 깨닫고 오랜 연구 끝에 1925년, 급속 냉동기를 발명했어요. 그는 이 기계를 홍보하기 위해 제너럴 씨푸드사를 설립해 직접 냉동식품을 팔기 시작했답니다. 이후 10년 동안 미국의 냉동식품 시장은 2배 규모로 빠르게 성장했어요. 맞벌이 가정이 늘면서 간편하게 끼니를 해결할 수 있는 냉동식품이 큰 인기를 끌었거든요.

현대 냉동 기술의 정점에는 냉동 인간이라는 과제가 남아 있습니다. 냉동 인간은 미국의 물리학자 로버트 에틴저Robert Ettinger가 1962년 학계에 처음으로 발표한 개념이에요. 냉동 상태로 인체를 보존하다가 나중에 해동시켜 되살려 낸다는 발상을 바탕으로 하고 있죠. 어릴 적 잡지에서 냉동 인간이 다시 부활한다는 픽

션을 읽은 그는 기존의 고정관념을 깨고 미지의 영역을 연구하기 시작했습니다. 이로 인해 사후 세계 대신 냉동 인간이라는 새로운 개념이 등장했습니다. 오늘날 SF 영화 등에서 냉동 인간이 등장하는 장면을 쉽게 찾아볼 수 있죠. 그렇다면 냉동 인간은 실제로 존재했을까요?

최초의 냉동 인간은 미국의 심리학자 제임스 베드퍼드James Bedford로 알려져 있어요. 간암에 걸린 그는 75세였던 1967년 암 치료 기술이 개발되길 희망하며 냉동 상태에 들어갔습니다. 의료진은 혈액을 빼내고 동결 방지제를 주입한 그의 몸을 급속 냉동한 뒤, 액체질소가 채워진 금속 용기에 보관했어요. 액체질소의 온도는 영하 196℃에 이른답니다. 베드퍼드는 아직도 냉동 상태로 있습니다. 그는 먼 훗날 암이 정복된 뒤에 깨어나 새로운 여생을 보낼 수 있을까요? 실제로 냉동 인간은 신체를 냉동하는 과정에서 뇌의 부피가 커지면서 세포막이 손상될 수 있기 때문에 이를 장담하기가 어렵다고 합니다. 인간을 냉동했다가 해동했을 때 다시 살아날지 여부도 실험된 적이 없고요. 하지만 이미 전 세계적으로 400여 구의 냉동 인간이 다시 깨어날 '그날'을 기다리고 있습니다.

냉동 인간은 다음과 같은 과정을 거쳐 만들어집니다. 먼저, 심장이 멈춘 뒤 30분 이내에 체온을 영하 3℃까지 내립니다. 그다음으로 12시간 정도에 걸쳐 몸속의 혈액을 모두 빼내고, 동결 방지제를 주입합니다. 동결 방지제는 몸 안에 얼음 결정이 생겨 세포를 손상시키는 것을 막아 줍니다. 이후 드라이아이스를 이용해 급속 냉동으로 체온을 영하 79℃까지 내린 다음, 장기 보존을 위해 영하 196℃의 액체질소 탱크에 시신을 보관합니다. 이렇듯 사람을 냉동 보관해서 후일을 기약하는 행동에는 어떤 마음이 담겨 있을까요? 그리고 냉동 인간이 되기로 선택한 사람들은 마지막으로 어떤 유언을 남겼을까요?

냉동 인간은 과학의 잣대를 떠나 윤리적으로 다양한 논란을 낳을 것으로 보입니다. 일단 냉동 인간을 만드는 기술 자체가 비용이 많이 들기 때문에 돈 많은 사람들의 전유물이 될 수 있어요. 경제적 형편에 따라 누군가는 죽음의 시점을 직접 결정할 수 있게 되는 거죠. 또 미래에 냉동 인간이 되살아난다고 해도 달라진 환경에 적응할 수 있을지, 냉동 인간을 사망자로 봐야 할지 생존자로 봐야 할지 등 큰 혼란이 찾아올 수 있습니다. 과학기술이 발전하는 속도에 맞춰 사회의 윤리 문제를 고민하는 것은 우리가 해결해야만 하는 미래의 과제예요.

최초의 얼음 장사꾼

1806년 2월, 미국 북동부 뉴잉글랜드의 꽁꽁 언 호수에서 80톤의 얼음을 싣고 따뜻한 카리브해의 섬 마르티니크를 찾은 용감한 사업가가 있었습니다. 주인공은 보스턴에 살던 프레더릭 튜더Frederic Tudor로, 그는 더운 지역에 얼음을 팔면 큰돈을 벌 것이라고 생각했죠. 하지만 섬에 도착했을 때 남은 얼음은 20여 톤뿐이었고, 현지인들의 반응은 냉담했습니다. 얼음을 처음 보기도 했고, 아직 얼음을 어떻게 활용할지 잘 몰랐기 때문이에요. 튜더는 사업에 실패하고 빚더미에 앉게 됐지만 포기할 줄 몰랐습니다. 운반 과정에서 얼음이 녹지 않도록 톱밥으로 감싸고, 이중 단열 구조의 얼음 보관소까지 만들어 인도의 뭄바이, 브라질의 리우데자네이루 등지까지 얼음을 싣고 가서 팔았어요.

그 뒤 얼음이 음식을 상하지 않게 해 주며, 말라리아 환자의 열을 떨어뜨려 병이 낫도록 해 준다는 입소문이 퍼지면서 튜더의 사업은 흑자로 돌아섰습니다. 1850년에는 튜더를 모방한 얼음 장사꾼들이 우후죽순처럼 등장했고, 한 해에 약 10만 톤의 얼음이 보스턴 항구를 떠나 전 세계로 운반되기에 이르러요. 1960년대에는 뉴욕의 세 집 중 두 집이 매일 얼음을 배달받을 만큼, 얼음은 점차 가정의 필수품으로 자리 잡아 갔답니다.

3 생명이
궁금하면
생물 앞으로

꿀잠을 잡니다

뇌·수면

인간은 하루 중 약 3분의 1에 해당하는 시간을 잠을 자면서 보냅니다. 잠은 음식을 먹는 것만큼이나 중요한 생존의 필수 과정이에요. 우리는 잠을 통해 하루 동안 육체와 정신에 쌓인 피로를 회복합니다. 잠자는 동안 인체 내에서는 기억을 저장하고, 불쾌하거나 불안한 감정을 정화하는 등 활발한 작용이 일어나기도 해요. 그런데 만약 잠을 제대로 못 잔다면 어떨까요?

최근 우리 사회에는 수면 부족이나 불면증을 호소하고, 숙면을 취하지 못하는 사람들이 늘어나고 있습니다. 2017년 OECD 통계에 따르면, 전체 회원국의 평균 수면 시간은 8시간 22분입니다. 그런데 한국인의 하루 평균 수면 시간은 7시간 41분으로, OECD 국가 중 최하위에 해당하는 수치를 기록했어요. '불면 사회'라는 말까지 나올 정도로 우리나라에는 질 낮은 수면과 수면 부족에 시달리는 사람들이 많습니다. 이를 해결하기 위해 숙면을 돕는 각종 기술과 제품들도 쏟아져 나오고 있죠.

잠이 똑똑한 뇌를 만든다?

수면이란 일정 시간 동안 잠자는 것으로, 육체와 정신이 쉬며 피로를 회복하는 과정입니다. 수면 상태에서는 감각이 둔하고 의지에 따라 움직일 수 있는 근육의 활동이 없어 마치 의식과 반응이 정지된 것처럼 보여요. 그러나 이때에도 신체 각 기관은 피로 회복과 세포 재생, 근육 성장에 필요한 활동을 활발히 해 나갑니다. 우리는 수면을 통해 잠에 대한 욕구를 해소하는 차원을 넘어 에너지를 생산하고 축적해요.

프랑스 계몽기의 사상가 볼테르Voltaire는 "신은 인생의 갖가지 걱정에 대한 보상으로 우리에게 희망과 잠을 내려 주셨다."라고 말했어요. 그의 말처럼 우리는 수면을 취할 때만큼은 근심과 불안을 잠시나마 내려놓을 수 있습니다. 수면은 하루 일과의 3분의 1을 차지할 만큼 우리 삶에서 비중이 큰 영역이면서 정신 및 신체 건강과 직결돼 있어요.

우리 뇌는 잠자는 동안 새로운 기억을 쌓아 두고, 과거와 현재를 넘나들며 기억과 기억을 연결합니다. 여기에는 우리가 학습한 내용을 장기 기억으로 저장하는 일도 포함되기 때문에, 충분한 수면이 학습 능력에 영향을 준다고 하죠. 2017년 기초과학연구원 신희섭 단장 연구 팀은 쥐를 대상으로 한 실험을 통해 '수면 중 뇌파를 조절해 학습 기억력을 2배 가까이 높일 수 있다'는 연구 결과를 발표했습니다.

수면 중에 관찰되는 뇌파를 확인해 보면 심장박동과 호흡 등 신체 활동의 양상을 감지할 수 있습니다. 뇌파와 눈동자의 움직임 유무에 따라 수면 단계를 '렘수면REM, Rapid Eye Movement'과 '비렘수면non-REM'으로 구분할 수 있습니다. 렘수면은 잠자고 있는 듯이 보이지만 뇌파는 깨어 있을 때의 알파파를 보이는 수면 상태를 말해요. 눈동자가 움직이지 않는 비렘수면은 수면 시간의 70~80%를 차지하는데, 잠의 깊이에 따라 총 4단계로 구분됩니다. 잠들기 시작한 1단계에서 시간이 경과할수록 잠이 깊어지고 단계도 올라가죠. 수면의 질은 비렘수면 3~4단계에 해당하는 깊은 잠이 얼마나 지속되는지에 달려 있습니다. 비렘수면의 깊은 잠 단계에서는 세포 내 미토콘드리아의 ATP(에너지 저장 물질) 생산이 매우 활발해져 에너지가 잘 축적되고 면역 체계가 강화됩니다. 이러한 과학적 근거에 의해 숙면이 우리 몸을 충전한다고 말할 수 있

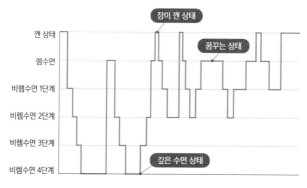

정상 수면 구조 그래프

는 거예요. 전문가들은 비렘수면과 렘수면의 비율이 성인 기준으로 3대 1 정도를 유지하는 것을 건강한 수면의 기준으로 꼽습니다.

비렘수면이 처음 4단계까지 도달한 뒤에 어떠한 이유로 뇌가 갑자기 활성화되면 렘수면에 접어듭니다. 렘수면은 잠들고 80~100분 뒤 처음 나타나 5~30분간 유지돼요. 이후 다시 비렘수면으로 바뀌면서 하룻밤 사이 렘수면과 비렘수면이 4~6회가량 교차하죠. 렘수면은 평균 90분 주기로 나타나 30분 이내로 유지됩니다. 렘수면 단계에서는 꿈을 꾸고 눈동자의 움직임이 빨라집니다. 이때 두뇌의 기억력과 집중력, 감정 조절 능력이 향상되고 정신적 피로가 해소돼요. 따라서 렘수면은 두뇌 기능에 매우 중요한 역할을 하는 것으로 알려져 있습니다.

그런가 하면 잠자는 동안 뇌의 독소 역시 제거된다는 사실이 밝혀졌습니다. 미국의 한 연구진이 수면으로 무의식 상태가 된 생쥐를 관찰한 결과, 뇌세포가 수축하면서 넓어진 세포들 틈 사이로 뇌척수액이 흐르며 노폐물을 제거하는 것이 확인됐어요. '뇌의 청소부'라고 불리는 뇌척수액은 수면 중인 우리 뇌에서도 같은 원리로 활동하고 있습니다. 수면 장애가 심하면 알츠하이머 등 신경 퇴행성 질병이 악화되는 것도 뇌의 독소 배출이 원활하지 않기 때문이죠.

사람도 겨울잠을 잘 수 있을까?

수면으로 의식이 없어도 생명 활동에는 아무런 지장이 없습니다. 이는 수면 중에도 자율신경이 정상적으로 작동해 심장박동과 호흡, 체온 등이 유지되고, 소화나 호르몬 분비 등 신진대사가 꾸준히 이어지기 때문이죠. 이 중 체온 유지는 인간과 동물의 생존에 필수적입니다. 그렇다 보니 겨울에는 바깥 온도에 따라 체온이 변하는 변온동물뿐만 아니라, 추위와 굶주림으로부터 목숨을 지키려는 일부 항온동물들도 겨울잠을 자요. 변온동물은 겨울잠을 잘 때 심장박동과 호흡이 거의 멎는 상태가 됩니다. 주위 온도에 따라 체온이 내려가 몸이 얼지 않도록 막아 주는 '부동 물질'도 체액에 들어 있어요. 이와 달리 항온동물은 식량난에 대비해 에너지를 절약하기 위해 겨울잠을 잡니다. 이들은 가을 한철 동안 먹이로 살을 찌우고, 겨울이 오면 두꺼운 낙엽 아래나 땅속으로 들어가 체온·대사 등을 조절하며 긴 잠에 들죠.

동물이 겨울잠을 자는 원리는 아직 정확히 밝혀지지 않았습니다. 단, 이들의 체내에서 분비되는 특정 물질이 겨울잠을 유도한다는 사실은 확인됐어요. 대표적인 물질이 바로 '동면 유도 촉진제HIT'라는 단백질과 '엔케팔린enkephalin'이라는 호르몬이죠. 엔케팔린의 화학적 성질이 마취제나 진통제로 쓰이는 모르핀과 유사하다는 것 외에는 두 물질의 화학구조나 반응성에 대해 아직까지 구체적으로 밝혀진 바가 없습니다. 현재 과학자들은 이 겨울잠 유도 물질을 인체에 적용하는 '인공동면' 연구를 진행하고 있습니다. 만약 인공동면이 가능해지면 의학계에서 수술이 획기적으로 발전할 것으로 보여요. 인공동면을 통해 외적 자극에 대한 생체반응이 억제되면 수술 시 마취약을 소량만 사용할 수 있습니다. 또한 체온을 최대한 낮춘 상태에서 장기이식과 같은 외과 수술을 하게 되면 다량의 출혈을 막을 수 있죠.

수면 습관과 생체 시계

수면은 우리 몸에 꼭 필요한 휴식과 회복의 과정이지만, 무조건 많이 잔다고 해서 좋은 것은 아닙니다. 수면에서는 양보다 질이 우선이거든요. 질 좋은 수면을 위한 핵심 조건은 규칙적인 취침 시간과 기상 시간입니다. 자고 일어나는 시간이 일정하면 생체

리듬이 안정적으로 유지되고, 이에 따라 호르몬 분비와 소화 등 신체 기능이 원활하게 작동할 수 있어요. 같은 시간을 자더라도 매일 일정한 시간에 잠드는 사람에 비해 취침 시간이 불규칙한 사람이 피로를 느끼기 훨씬 쉬운 이유죠.

수면의 질은 잠자리에 들기 전의 활동에 따라서도 좌우돼요. 먼저, 자기 직전에 음식을 먹으면 숙면에 방해가 됩니다. 야식을 먹은 직후에 잠들면 밤새 장기와 뇌세포가 음식을 소화하기 위해 끊임없이 운동하게 돼 깊은 잠에 빠지기 어렵거든요. 따라서 적어도 잠들기 3~4시간 전부터는 물을 제외한 음식을 섭취하지 않는 편이 좋아요. 만약 배가 고파 잠을 이루기 어렵다면 따뜻한 우유를 한 잔 마시는 것이 수면에 도움을 줄 수도 있다고 해요.

그 밖에 잠자기 전 전자 기기를 보는 행위도 수면의 질을 낮춥니다. 스마트폰, TV, 컴퓨터 등의 화면은 청색광을 뿜어내는데, 이는 수면을 유도하는 호르몬인 '멜라토닌melatonin'의 분비를 방해해 뇌를 각성시키는 결과를 가져와요. 이 때문에 최근에 나온 스마트폰에는 밤이 되면 자동으로 청색광을 차단하는 기능이 탑재돼 있죠. 그렇다 하더라도 잠자기 최소 1시간 전부터는 전자 기기의 화면을 멀리해야 합니다.

숙면을 위한 조건을 모두 갖췄음에도 잠이 오지 않을 때가 있어요. 그럴 때는 누워서 억지로 자려고 애쓰는 대신 독서나 음악 감상, 명상 등의 정적인 활동을 하며 잠을 청하는 게 좋습니다. 만약 이유 없이 잠을 이루지 못하는 증상이 한 달 넘게 이어지면 불면증을 의심해 볼 필요가 있어요. 불면증은 일상생활에 불편함을 초래할 뿐만 아니라 우울증과 불안증 등의 정신 질환으로 이어질 위험이 있어, 증상이 나타났을 때 지체 없이 전문가의 도움을 받는 것이 좋습니다.

'아침형 인간' vs. '저녁형 인간'

우리 사회에는 아침형 인간은 부지런하고 성공할 확률이 높은 반면, 저녁형 인간은 게으르고 자기 관리를 못한다는 통념이 자리 잡고 있습니다. 아침형 인간과 저녁형 인간은 어떻게 결정되는 걸까요? 또 저녁형 인간이 노력한다면 아침형 인간으로 바뀔 수도 있을까요?

우리 몸에는 '생체 시계'라 불리는 일종의 생물학적 시계가 있

습니다. 생체 시계는 약 24시간 주기로 설정돼 있으며, 이에 맞게 생리, 대사, 행동, 노화 등의 리듬을 조절해요. 밤에는 졸리고 아침에는 잠에서 깨는 것은 생체 시계가 작동하고 있기 때문이죠. 생체 시계는 빛의 자극에 따라 호르몬 분비와 체온 등을 조절해 우리 몸을 잠들게 하기도 하고, 잠에서 깨우기도 합니다.

아침형 인간과 저녁형 인간은 이러한 생체 시계의 바늘 차이로 나뉩니다. 생체 시계가 하루 24시간을 주기로 똑같이 작동하더라도, 아침형 인간은 그 주기가 적용되는 시간이 저녁형 인간보다 앞당겨져 있어요. 앞서 언급했던 수면 유도 호르몬 멜라토닌을 예로 들어 설명해 볼까요? 해가 져서 우리 몸에 들어오는 빛이 줄어들면 몸속에서는 생체 시계가 작동해 멜라토닌이 분비됩니다. 그런데 아침형 인간은 저녁형 인간보다 멜라토닌이 3시간 정도 빠르게 분비돼 이른 저녁부터 피로를 느끼고 일찍 잠자리에 들게 돼요. 반면에 저녁형 인간은 멜라토닌이 비교적 늦게 분비되기 때문에 늦은 밤까지 깨어 있을 수 있습니다. 이러한 각자의 생체리듬은 환경적 요인의 영향을 받기도 하지만, 타고난 유전자의 영향이 결정적으로 작용한다고 해요.

오늘날 업무나 학업 스케줄은 대개 아침형 인간의 생활 방식에 맞춰져 있습니다. 그래서 아침형 인간은 부지런하고, 저녁형 인간은 게으르다는 오해를 하기 쉽죠. 하지만 생체 시계의 작동 방식은 유전적 영향이 커서 노력으로 바꾸는 데 한계가 있을뿐더러,

억지로 바꾸려 하면 오히려 건강에 해로울 수도 있습니다. 아침형 인간과 저녁형 인간 중 우열을 가려 한쪽을 강요하기보다 각자가 지닌 생체리듬을 존중하는 인식이 마련돼야 하지 않을까요?

아침형 인간도 저녁형 인간도 잘 자는 것이 중요합니다. 최근에는 스트레스 등으로 잠 못 자는 현대인이 늘면서 '꿀잠'에 대한 욕구와 관심이 커지고 있습니다. 이와 함께 수면과 관련한 각종 산업 및 서비스가 잇따라 등장하고 있어요. 수면을 뜻하는 'sleep'과 경제를 의미하는 'economics'를 합성한 '슬리포노믹스sleepo-nomics'라는 신조어까지 생겨나기도 했죠. 이는 현대인이 좋은 잠을 위해 돈을 많이 지출함에 따라 성장하고 있는 수면 관련 산업을 가리킵니다. 코로나19 이전까지만 해도 사무실이 밀집한 도심 한복판에는 수면 카페들이 들어서 호황을 누리기도 했어요. 어둡고 조용한 실내에 각도를 자유롭게 조절할 수 있는 의자 등의 설비를 갖춰, 공부에 지친 학생들이나 직장인들이 자투리 시간을 활용해 이곳에서 부족한 잠을 채우거나 휴식을 취할 수 있었죠.

국내 수면 산업 규모는 꾸준히 증가해 2019년에는 3조 원을 넘어섰습니다. 수면 산업의 성장과 함께 '슬립테크sleep tech'가 화두로 떠올랐어요. 슬립테크란 다양한 제품에 정보 통신 기술과 사물 인터넷, 빅데이터 기술 등을 접목해 수면 상태나 패턴을 분석하고 숙면을 돕는 기술을 말합니다. 대표적인 예로, 수면 센서를 통해 사용자의 수면 상태를 파악하고 쾌적한 숙면을 유도하는 '스마트 침대'가 있어요. 사용자의 수면 상태에 따라 형태가 스스로 변화하는데, 만약 사용자가 자다가 코를 골면 침대 내부의 공기량이 조절되면서 머리를 받치는 부분이 천천히 올라가 코골이 증상을 완화하는 식이에요. 또 전극을 피부에 접촉시켜 사용자의 신체 정보 및 수면 상태를 파악하는 '스마트 안대'도 있습니다. 분석 결과를 기반으로 적절한 LED 빛이 사용자를 투과해 수면을 유도하거나 생체리듬을 조절하는 등 다양한 기능을 제공하죠. 이 밖에 코골이를 막아 주는 '스마트 베개', 수면에 최적화된 온도를 자동으로 조절하는 매트리스 등 슬립테크가 적용된 다채로운 제품들이 계속해서 등장하고 있습니다. 앞으로 과학기술이 더욱 발달할 미래에는 인간이 더 '잘' 잘 수 있을까요?

수면과 마취는 어떻게 다를까?

수술 등의 이유로 전신마취를 한 후에 깨어나면 마치 잠자고 일어난 듯한 느낌이 듭니다. 그런데 마취와 수면은 완전히 달라요. 전신마취는 약물을 사용해 뇌의 중추신경 기능을 억제하는 것으로, 마취 상태에서는 의식이나 감각, 반사작용이 없습니다. 반면에 수면 중에는 언제든지 깨어나 외부 자극에 반응할 수 있죠. 두 상태에서는 뇌파도 서로 다르게 나타납니다. 잠을 잘 때는 여러 종류의 뇌파가 단계별로 나타나지만, 마취 상태에서는 매우 약하고 느린 뇌파가 일정하게 유지돼요.

최근 깊은 잠을 자기 위해 마취제의 일종인 '프로포폴'을 불법으로 처방받아 복용하다가 부작용을 겪는 사례가 자주 보입니다. 프로포폴을 복용하면 일시적으로 의식을 잃어 잠을 잔 것처럼 느낄 수 있어요. 하지만 사실상 뇌는 수면 상태가 아닌 마취 상태에 빠졌던 것이므로, 이를 통해 수면 부족 문제가 해결되지는 않습니다. 게다가 프로포폴은 무호흡증을 일으킬 위험이 있어 오남용 하다가는 중독되거나 생명을 잃을 수도 있습니다. 따라서 숙련된 의료 전문가의 지도하에 필요한 경우에 한해서만 사용되어야 해요.

두 얼굴의
동반자

곰팡이

　여러분은 곰팡이 하면 무엇이 가장 먼저 떠오르나요? 아마도 먹다 남은 식빵에 피어오른 곰팡이나, 벽지와 욕실 타일에 생긴 검은곰팡이, 발가락의 무좀 등 대부분 좋지 못한 이미지가 생각날 거예요. 곰팡이는 생물에게 치명적인 질병을 일으키기도 하지만, 한편으로는 없어서는 안 될 중요한 역할을 하고 있습니다. 우리가 즐겨 먹는 치즈, 술, 된장, 간장 등의 발효 식품은 물론, 수많은 목숨을 구한 인류 최초의 항생제도 곰팡이로 만들어졌습니다. 또 신약 개발이나 플라스틱 분해 등 곰팡이의 새로운 능력은 계속해서 주목받고 있죠. 곰팡이로 만들어 자연적으로 분해되는 친환경 가죽은 플라스틱 소재로 만든 인조가죽을 대체할 새로운 재료로 연구되고 있답니다.

한편 과학자들은 물이 적은 좁은 공간에서도 잘 자라는 곰팡이의 특성을 이용해 우주 식량을 개발하고 있습니다. 곰팡이는 이렇게 오랜 역사 속에서부터 미래 환경까지 아우르며 폭넓은 활동을 이어 가는 중이에요. '인류의 적'이자 '신의 선물'이기도 한 곰팡이에 대해 살펴봐요.

곰팡이가 없으면 지구도 존재할 수 없다

아마 여러분은 장마철에 벽지에 핀 곰팡이나 냉장고 속 곰팡이를 보며 한숨을 내쉬어 본 적이 있을지도 모르겠네요. 곰팡이는 '균류'로, 광합성을 하지 않는 하등식물입니다. 뿌리, 줄기, 잎, 생식기관, 관다발 따위가 발달하지 않았죠. 현미경으로 곰팡이를 들여다보면 실처럼 길고 가는 모양의 세포로 이루어져 있는데, 이러한 세포를 '균사'라고 합니다. 지구상에 존재하는 균류는 5만 종에 이르는데, 그 가운데 곰팡이류가 3만 종 이상으로 가장 많습니다. 세포가 1개인 단세포 곰팡이부터 핵이 여러 개인 곰팡이까지 그 종류가 다양하죠. 또한 곰팡이는 다양한 색깔을 띠고 있습니다. 균사의 색깔에 따라 보통 갈색이나 검은색을 띠는데, 곰팡이의 씨앗인 포자에 따라 노란색이나 초록색, 붉은색을 띠기도 합니다.

곰팡이는 대개 따뜻하고 습기가 많은 환경을 좋아합니다. 곰팡이가 살아가기에 가장 적당한 온도는 30℃ 정도예요. 예외적으로 5℃ 안팎의 서늘한 냉장고에서 왕성하게 활동하면서 육류를 먹어 치우는 '카에토스더리움'이라는 곰팡이도 있죠. 또 빵이나 떡과 같은 유기물이 많은 곳에 잘 생기는 푸른곰팡이의 일부는 50℃ 안팎의 온도를 선호하기도 합니다.

곰팡이는 광합성을 하는 데 필요한 엽록소를 갖고 있지 않아요. 태양에너지를 이용해 영양분을 만들어 내는 식물과는 다르다는 의미죠. 대신 동물이나 식물, 또는 다른 균류에 기생하거나 생물의 사체나 배설물을 먹고 살아갑니다. 그래서 곰팡이를 '생태계의 최종 분해자'라고 부른답니다.

곰팡이는 공기와 물, 흙, 바다 등 유기물이 존재하는 곳이라면 어디에서든 살 수 있습니다. 특히 곰팡이의 무한한 보고라고 할 수 있는 흙 속에는 여러 종류의 곰팡이가 존재합니다. 그런데 사람들이 곰팡이를 꺼리는 이유는 이것이 자연에 머물지 않고 기생 생활을 하며 피해를 입히기 때문이에요. 벼나 보리에 붙어 병을 일으키는 도열병균과 녹병균, 인체의 피부나 모발, 손톱 등에 기생하는 무좀균과 쇠버짐균 등이 그 예죠.

곰팡이, 효모, 버섯, 뭐가 다를까?

균류로 분류되는 곰팡이와 효모, 버섯의 차이점은 무엇일까

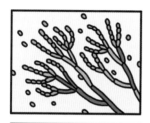

요? 먼저, 이들은 균류 중에서도 '진균류'로 분류됩니다. 진균류는 엽록소가 없어 스스로 영양분을 만들지 못하고, 다른 생물체에 붙어 영양을 공급받습니다.

효모는 곰팡이의 8촌쯤 되는 단세포생물입니다. 대부분의 진균류가 균사로 이루어져 있는 것과 달리 효모는 균사가 없어요. 이것은 빵이나 맥주, 포도주를 만드는 데 핵심적인 역할을 합니다. 환경을 가리지 않고 발생하는 곰팡이와 달리 효모는 꽃이나 과일처럼 당의 농도가 높은 곳을 좋아한답니다.

버섯은 곰팡이와 마찬가지로 균사와 포자를 지니고 있습니다. 그러나 버섯과 곰팡이는 포자 배열에 차이가 있어요. 버섯 포자는 우산처럼 생긴 갓의 주름 속에 빼곡히 들어 있고, 곰팡이 포자는 원형, 장방형 등 다양한 배열로 곰팡이 전체를 형성하고 있죠. 한편 크기에도 차이가 있는데, 버섯은 육안으로 구별이 가능한 큰 것에서부터 작은 것까지 그 크기가 다양합니다. 반면에 곰팡이는 비교적 크기가 작아 현미경으로 관찰해야 해요. 물론 곰팡이가 군락을 이루고 있는 경우에는 맨눈으로도 볼 수 있답니다.

한편 곰팡이로 오해하기 쉬운 세균은 진균류보다 작고 소기관도 발달되어 있지 않아 단순한 구조를 가지고 있어요. 이를 원핵생물이라고 부릅니다.

이제 곰팡이와 효모, 버섯의 차이점을 잘 알겠죠? 이번에는 역사 속에서 곰팡이가 어떤 활약을 펼쳤는지 알아봐요. 불과 수백 년 전만 해도 인간의 평균수명은 20~30세에 불과했습니다. 과거에 인간이 이렇게 단명할 수밖에 없었던 가장 큰 이유는 바로 질병이었어요. 눈에 보이지 않는 작은 세균이 몸속에 침투해 홍역이나 말라리아, 콜레라, 폐렴, 페스트 등의 질병을 일으키고 수많은 사람의 목숨을 앗아 갔죠. 이러한 세균을 억제하는 항생제가 탄생하게 된 것은 다름 아닌 곰팡이 덕분이었습니다.

1928년 영국의 미생물학자 알렉산더 플레밍Alexander Fleming은 어느 날 배양기 안에서 키우던 포도상구균을 배양기 밖에 꺼내 둔 채 여름휴가를 다녀왔습니다. 휴가에서 돌아온 플레밍은 포도상구균이 담겨 있던 접시 위에 푸른곰팡이가 자라고 있는 것을 발견했죠. 알고 보니 플레밍의 연구실 아래층에 있던 곰팡이가 날아와 우연히 그곳에 자리 잡은 것이었어요.

그가 자신의 부주의를 탓하며 이를 실수로만 여겼다면 그저 해프닝으로 끝날 일이었을지도 모릅니다. 그러나 플레밍은 푸른곰팡이 주변의 균만 깨끗하게 사라진 것에 의문을 품고 그 이유를 탐구했죠. 그러다 곰팡이가 균의 성장을 막고 있다는 사실을 직감

했어요. 그는 즉시 문제의 곰팡이를 배양해 실험했습니다. 그 결과, 푸른곰팡이가 생산해 내는 물질이 강력한 항균 작용을 한다는 것을 확인했죠. 이 물질이 바로 '페니실린'입니다.

당시 곰팡이는 질병을 옮긴다는 믿음이 광범위하게 퍼져 있었기 때문에 곰팡이로 질병을 치료할 수 있다는 플레밍의 주장은 상상을 뛰어넘는 수준이었어요. 1941년 패혈증 환자에게 최초로 페니실린이 투여됐습니다. 회복 가능성이 전혀 없던 환자는 하루 만에 상태가 호전됐고, 사람들은 기적이 일어났다고 생각했습니다. 그 후 페니실린은 제2차 세계대전 중 상용화에 성공하면서 수많은 환자의 목숨을 구하는 데 쓰였어요. 플레밍은 페니실린을 발견한 공로를 인정받아 1945년 노벨 생리의학상을 수상했답니다.

아군인가 적인가, 두 얼굴의 곰팡이

물론 곰팡이가 늘 사람의 목숨을 구하는 것은 아닙니다. 동식물을 가리지 않고 서식하는 데다 확산 속도가 매우 빨라 각종 질병의 원인이 되기도 하거든요. 대기 중에 떠다니는 곰팡이는 집먼지진드기나 꽃가루보다 입자가 작아 더 쉽게 코나 입으로 들어갈 수 있습니다. 이로써 각종 호흡기 질환의 주범이 되고 있어요. 곰팡이는 기도나 코 점막, 폐에서 각각 알레르기를 유발해 천식과 비염, 과민성 폐렴의 원인이 됩니다.

곰팡이의 농도는 습한 여름철에 급격히 높아집니다. 장마철이면 곰팡이로 인한 호흡기 질환을 호소하는 환자들이 늘어나죠. 실내는 1년 내내 곰팡이의 활동 무대가 될 수 있어요. 부엌, 욕실, 지하실, 젖은 벽지, 창틀처럼 습도가 높은 곳이 바로 그 온상입니다.

또한 곰팡이는 사람 피부의 습한 부위에서 각질을 먹고 살아갑니다. 움직임이 적고 땀이 많이 나는 발가락이나 사타구니, 두피는 곰팡이 서식의 최적 환경으로 알려져 있어요. 곰팡이가 피부 속으로 침투하면 피부염인 백선이 발병합니다. 백선에 감염된 피부는 색이 변하거나 가려움증을 유발하며, 각질 및 얼룩이 생겨요. 부위에 따라 발에 생기는 족부 백선(무좀), 얼굴에 생기는 안면 백선(버짐), 머리에 생기는 두부 백선, 사타구니에 생기는 완선 등으로 분류되죠. 그런가 하면 입안 점막에 생기는 구내염이나 아토피피부염의 원인 균도 곰팡이랍니다.

곰팡이가 혈액에서 독성을 일으키면 목숨을 잃을 수도 있습니다. 패혈증은 혈액이 곰팡이를 비롯한 각종 병균에 감염된 채 전신을 순환하다 장기의 기능을 마비시키는 질환으로, 치사율이 30%에 이르러요.

곰팡이는 사람뿐만 아니라 생태계에도 큰 영향을 끼칩니다. 1845년 아일랜드에서는 특정 감자종에만 발생하는 곰팡이병인 '감자 마름병'이 유행했습니다. 이에 취약한 종만 똑같이 대량 재배하고 있었기 때문에 결국 수년간 감자를 제대로 수확하지 못하게 된 아일랜드에는 대기근이 찾아왔습니다. 거기에 기록적인 추위와 전염병까지 겹치면서 거리에는 시체가 넘쳐 났어요. 기록에 따르면, 당시 아일랜드 인구의 무려 4분의 1에 해당하는 150만 명 정도가 사망했다고 합니다. 이 같은 아일랜드의 사례는 단일한 품종을 획일적으로 재배하는 것이 얼마나 위험한지를 보여 주는 동시에, 곰팡이의 무서움도 알려 줍니다.

전 세계적으로 널리 사랑받는 과일인 바나나 역시 곰팡이병 때문에 곧 멸종될지도 모른다는 경고가 나오고 있어요. 바나나는 수확량이 많은 단일 품종만 재배되는 것으로 잘 알려져 있습니다. 1950년대까지는 '그로 미셸Gros Michel'이라는 품종이 전 세계 시장을 독점하다시피 했어요. 맛이 좋고 껍질이 두꺼워 장거리 운송이 가능하다는 장점 때문이었죠. 그러나 바나나의 암이라 불리는 '파나마병'이 유행하면서 그로 미셸은 직격탄을 맞게 됐습니다. 파나마병은 물과 흙을 통해 바나나 뿌리에 감염되는 곰팡이병으로, 바나나를 말라 죽게 만드는 치명적인 병이에요. 바나나의 집단 폐사가 이어지면서, 결국 1960년에 그로 미셸의 재배가 중단됐습니다. 이후 파나마병에 강한 '캐번디시Cavendish'라는 신품종이 개발돼 세계 대표 품종이 됐지만, 변종 파나마병이 새롭게 유행하는 등 곰팡이의 공격은 멈추지 않고 있습니다.

이처럼 무서운 면을 가지고 있는 곰팡이는 우리에게 먹는 즐거움을 선사하기도 합니다. 된장의 원료인 메주에 핀 누룩곰팡이는 효소를 만들어 냅니다. 이 효소가 메주의 콩 속 단백질을 아미노산과 펩타이드로 분해하고 녹말을 당으로 분해해 감칠맛과 단맛을 내게 하죠. 그런가 하면 치즈의 풍미를 살리는 데도 곰팡이가 이용됩니다. 치즈 덩어리에 쇠막대기로 구멍을 낸 뒤 푸른곰팡이균을 주입해 숙성하면, 내부에 곰팡이에 의한 푸른 대리석 무늬가 생기며 맛이 훨씬 부드러워져요. 이렇게 제조된 치즈를 '블루치즈'라고 합니다.

에스파냐와 이탈리아의 전통 음식 하몽과 프로슈토에도 곰팡이가 빠질 수 없습니다. 이것들은 돼지 뒷다리를 소금에 절여 음지에서 6~24개월 정도 건조·숙성해 만든 일종의 햄이에요. 숙성 과정에서 공기 중의 좋은 곰팡이들이 달라붙어 맛이 좋아지는 한편 수분이 적당히 낮아져 세균 번식이 차단되죠.

유럽이나 남아메리카에서는 아예 곰팡이가 핀 옥수수인 위틀라코체를 즐겨 먹는다고 해요. 위틀라코체는 깜부깃병에 감염된 옥수수로, 깜부기균에 의해 낱알이 부풀고 말랑말랑한 게 특징입니다.

곰팡이는 인간의 과제를 해결할 수 있을까?

최근 세계농임업센터 연구 팀은 플라스틱을 분해해 환경문제를 해결할 수 있는 곰팡이를 찾아냈습니다. 이 곰팡이의 이름은

'아스페르길루스 투빈젠시스Aspergillus tubingensis'로 파키스탄의 한 쓰레기 더미에서 발견됐죠. 연구 팀은 이것이 플라스틱의 주성분인 폴리에스테르와 폴리우레탄을 분해한다는 사실을 확인했습니다. 이 곰팡이의 대량 증식이 가능해지면 지구촌 곳곳을 떠돌아다니는 폐플라스틱을 처리할 수 있는 새로운 대안이 생길 것으로 보입니다.

한편 푸른곰팡이에서 페니실린을 찾아낸 뒤에 과학자들은 곰팡이에서 항생물질을 찾으려는 시도를 계속해 나갔어요. 그 결과 1948년, 이탈리아의 한 도시 폐수 표본에서 항생물질을 찾아냈어요. 당시 이를 발견한 이탈리아의 세균학자는 병원균의 온상인 폐수가 관을 거쳐 지중해로 빠져나가는 과정에서 무균상태로 변한다는 사실을 확인하고 폐수관 근처를 조사했습니다. 그 결과 관에서 항균 성분을 함유한 다량의 곰팡이균을 검출했죠. 이렇게 곰팡

이로 개발한 항생제는 현재 전 세계 항생제의 절반을 차지할 정도로 엄청난 시장 가치를 지니고 있어요. 참고로 우리에게 익숙한 연고 '후시딘'도 곰팡이가 만들어 낸 항생물질 '후시딕산'을 원료로 합니다.

곰팡이의 활약은 장기이식 수술 분야에서도 빛납니다. 이식받은 장기에 대한 면역 거부반응을 억제하는 데 곰팡이가 사용되고 있거든요. 면역억제제라는 이 약물에는 '사이클로스포린 cyclosporine'이라는 곰팡이가 쓰입니다. 그런가 하면 고지혈증 치료에도 곰팡이가 사용된다고 해요.

곰팡이의 활약은 여기서 끝나지 않습니다. 최근 곰팡이는 가방과 신발 등 생활에서 널리 사용되는 가죽을 대체할 구원투수로 떠올랐습니다. 천연 가죽을 만들기 위해서는 많은 가축을 길러야 해서 플라스틱 성분으로 만든 인조가죽이 널리 쓰이는데, 이 가죽은 수백 년이 지나도 썩지 않기 때문에 큰 문제가 되고 있어요. 그런데 곰팡이에게 나무 톱밥을 먹이로 주고 자라게 한 뒤 화학적으로 처리하면 실제 가죽과 비슷한 모양으로 제작할 수 있다고 해요. 실제로 인도네시아에서는 곰팡이 가죽으로 시곗줄을 만드는 데 성공했습니다. 곰팡이 가죽은 자연적으로 완전히 분해되기 때문에 쓰레기 문제가 없고 실제 가죽과 촉감도 비슷하다고 합니다.

한편 최근 미국과 중국 등 우주 강국들이 앞다퉈 화성 탐사에 나서고 있습니다. 화성에 인간이 정착할 수 있도록 기지를 만들겠다는 것이 그 목표인데 장기간 우주에 머무르기 위해서는 식량 문제를 해결해야만 합니다. 그래서 미국항공우주국은 곰팡이를 우주에서 키우는 방법을 연구하고 있습니다. 곰팡이는 좁은 곳에서도 잘 자라고 최소한의 물과 양분으로도 살아남을 수 있기 때문이에요. 곰팡이와 함께 시아노박테리아, 즉 남세균을 활용하면, 곰팡이가 배출한 이산화탄소를 박테리아가 흡수하는 과정에서 산소가 생겨나 다른 작물을 재배할 수 있답니다. 곰팡이가 우주 농업의 '씨앗'이 될 수 있다니, 미래에는 과연 우주에서 충분한 양의 식량을 생산할 수 있을까요?

세계 문화유산의 적이 된 곰팡이

1940년 프랑스에서 발견된 '라스코동굴 벽화'는 선사시대의 유적으로, 아름다운 색채와 특유의 역동적인 느낌으로 유명합니다. 그런데 피카소도 극찬할 정도의 이 놀라운 유산이 곰팡이의 공격으로 한동안 몸살을 앓았답니다.

라스코동굴이 공개되자, 벽화가 유명세를 타면서 동굴을 찾아오는 사람들의 발길이 점점 잦아졌습니다. 수많은 사람이 내뿜는 입김, 사람들의 몸에 묻어 있는 온갖 미생물과 먼지, 벽화가 잘 보이도록 설치한 조명 등은 세균과 곰팡이가 살 수 있는 환경을 만들어 주었죠. 이로 인해 동굴에 이끼가 끼면서 벽화는 빠르게 훼손되기 시작했습니다. 그리고 나중에는 이끼가 죽은 자리에 죽은 생물체를 분해하는 '붉은곰팡이'까지 들어서기 시작했어요.

결국 1963년, 일반 관람객의 동굴 출입이 중단됐습니다. 그 후 벽화는 1979년 유네스코 세계 문화유산으로 지정됐고, 1983년 프랑스 정부는 원래 동굴에서 200m 떨어진 곳에 똑같은 복제 동굴과 벽화를 만들어 관람객들을 받기 시작했습니다. 그러니까 최근 프랑스에서 라스코동굴 벽화를 봤다는 사람들은 모두 복제품을 보고 온 셈이랍니다.

지구를 품은
갯벌 이야기

시원한 여름, 갯벌에서 즐거운 시간을 보낸 적 있나요? 갯벌은 하루 두 번씩 바다에서 육지로 변신하는 신기한 장소입니다. 이곳에서 어린아이들은 모래 놀이를 하느라 시간 가는 줄 모르고, 어른들은 호미와 양동이를 들고 구슬땀을 흘리며 조개 캐기 삼매경에 빠지죠. 갯벌은 밀물과 썰물의 작용에 의해 해안선에 흙과 모래가 쌓여 만들어집니다.

아름다운 자연 경관과 풍부한 생태 환경을 자랑하는 갯벌에는 어마어마한 경제적 가치가 숨어 있습니다. 2015년 해양수산부가 발표한 내용에 따르면, 우리나라 갯벌은 연간 16조 원 이상의 경제적 가치가 있다고 합니다. 그러나 경제적 이익을 위해 갯벌을 메워 육지로 개발해야 한다는 주장도 제기돼 사회적 논쟁이 이어지기도 했어요. 대표적으로는 '새만금 간척 사업'이 있죠.

　오늘날에는 전 세계적으로 갯벌 자원을 보존하는 것에서 더 나아가 갯벌 복원을 통해 미래의 생태적 가치를 극대화하는 계획이 수립되고 있습니다. 그동안 간척과 매립 사업으로 사라진 갯벌을 다시 되돌려 환경을 정화하는 것은 물론, 기후 위기를 막고 생태 관광지로 조성하기 위해서예요. 그렇다면 과연 갯벌에는 어떤 가치가 있을까요?

바다가 만든 퇴적 지형

　우리나라는 3면이 바다로 둘러싸여 있습니다. 해안선의 길이만 1만 1,542km에 이를 정도죠. 혹시 동해 바다에서 갯벌을 본 적 있나요? 갯벌은 서해안이나 남해안처럼 해안선의 모양이 복잡하고 조차가 큰 지역에 주로 발달하지, 해안선이 단조롭고 조차가 작은 동해안에는 거의 존재하지 않아요.

　갯벌은 형성되는 데 약 4,500년에서 2만 년이 걸리는 것으로 추정되며, 지구상 어떤 생태계와도 비교할 수 없는 매우 독특한 형태를 띠고 있어요. 밀물이 밀려들어 오는 만조 때는 바닷물에 잠기고, 물이 빠져나가는 간조 때는 육지와 비슷한 환경으로 변해 그 모습을 드러냅니다. 갯벌은 강에서 흘러온 진흙과 모래가 바다에 이르는 하구에 쌓여 만들어지는데, 육지에 가까울수록 주로 무거운 입자가 쌓이고 가벼운 입자는 멀리 바다 가까이까지 운반돼요.

지형적으로 갯벌이 잘 발달하기 위해서는 몇 가지 조건이 갖춰져야 합니다. 먼저 바닥의 경사가 완만하면서, 바닷물의 깊이가 얕아야 해요. 또 조수 간만의 차가 커야 하고, 육지로부터 많은 양의 퇴적물이 지속적으로 유입돼야 합니다. 여기에 더해 퇴적물이 바다로 휩쓸려 가지 않고 해역에 쌓이도록 파도가 잔잔해야 하죠.

우리나라의 서해안과 남해안은 갯벌이 잘 형성될 수 있는 최적의 조건을 갖추고 있어요. 일단 평균 수심이 55m 정도로 얕고, 조수 간만의 차는 3~9m 정도로 큽니다. 또 한강과 금강, 섬진강, 낙동강 등 여러 강을 끼고 있어 계속해서 흙과 모래 등의 퇴적물이 흘러들어 옵니다. 이에 더해 구불구불하고 복잡한 해안선이 파도의 힘을 분산해 퇴적작용을 활발히 일어나게 한 결과, 넓고 완만한 갯벌이 만들어졌어요. 우리나라 갯벌의 전체 면적은 약 2,400km²로 국토 면적의 3% 정도를 차지하고 있으며, 전체 갯벌의 80% 이상이 서해안에 분포돼 있습니다.

생명의 요람, 갯벌

아무것도 살지 않는 진흙 벌판처럼 보이는 갯벌에는 조개와 고둥, 게, 갯지렁이 등 다양한 생물이 살고 있습니다. 산소와 유기물이 풍부해 여러 종류의 생물이 서식할 수 있는 거죠. 또한 바다에 사는 일부 어류의 산란이나 서식 장소로도 매우 중요한 역할을 합니다. 숭어, 전어, 밴댕이, 농어, 황복 등이 대표적이라고 해요. 그래서 갯벌의 경제적 생산성은 농경지보다 3~20배 정도 높다고 알려져 있습니다.

갯벌의 흙과 모래는 마치 스펀지처럼 많은 양의 물을 흡수할 수 있습니다. 따라서 홍수가 났을 때 육지에서 흘러온 물을 흡수해 침수 피해를 최소화하죠. 바다로부터 태풍이 불어오거나 해일이 발생했을 때도 갯벌에서 살고 있는 식물의 줄기나 잎이 1차적으로 충격을 흡수해 피해를 줄인답니다.

갯벌은 오염 물질을 정화하는 데도 중요한 역할을 해 '자연의 콩팥'이라고 불립니다. 우리 몸의 노폐물을 콩팥이 걸러 주듯, 갯

벌은 육지와 바다의 완충지대에서 오염 물질을 1차적으로 걸러 내는 기능을 합니다. 1,000㎡의 갯벌에 존재하는 미생물이 오염 물을 분해하는 능력은 도시의 웬만한 하수처리장 1개의 자정 능력과 맞먹는다고 해요. 또 갯지렁이 500마리는 하루에 한 사람이 배출하는 약 2kg의 배설물을 정화할 수 있다는 연구 결과도 있답니다.

지구상에 존재하는 산소의 70% 이상이 숲이 아닌 바다에서 생성된다는 사실을 알고 있나요? 바로 바닷속 식물성 플랑크톤이 광합성을 통해 산소를 만들어 내기 때문인데, 갯벌의 흙 속에는 1g당 수억 마리의 식물성 플랑크톤이 들어 있어 같은 면적의 숲보다 더 많은 산소를 배출한다고 합니다.

갯벌은 관광지로도 큰 인기를 끌고 있습니다. 육지와 바다의 모습을 두루 갖추고 있어 서로 다른 매력을 동시에 즐길 수 있기 때문이죠. 서해안의 경기만이나 천수만 일대, 남해안 낙동강 하구 일대는 철새의 서식지로도 유명해요. 철새들의 멋진 군무를 보기 위해 많은 관광객들이 찾고 있죠. 또 충남 보령에서 열리는 머드 축제는 전 세계적으로 잘 알려져 있습니다. 갯벌 속의 미네랄과 벤토나이트, 게르마늄 등이 피부에 영양분을 공급하고 노폐물을 제거해 준다는 사실이 밝혀지면서 큰 인기를 끌고 있죠.

세계 5대 갯벌에 손꼽히는 우리나라 갯벌

갯벌은 다양한 모습과 형태로 전 세계에 분포돼 있습니다. 우리나라 갯벌은 생태계의 다양성이 풍부하다고 평가받는데, 그중에서도 특히 서해안 갯벌은 세계 5대 갯벌 중 하나로 꼽힌답니다. 세계 5대 갯벌에는 어떤 것들이 있는지 알아볼까요?

먼저, 서해안에는 펄과 모래, 혼합 갯벌 등 다양한 형태의 갯벌이 존재합니다. 서해안은 조수 간만의 차가 크고 지형이 완만해 대규모 갯벌이 많습니다. 경기, 인천, 전남 지역이 우리나라 갯벌의 약 80%를 차지하고 있어요. 2021년 7월, 한국의 갯벌은 유네스코 세계유산으로 등재되었습니다. 이제 한국의 갯벌은 우리뿐 아니라 인류가 공동으로 보호해야 할 자연유산이 되었어요.

두 번째, 유럽 북해 연안 갯벌입니다. 네덜란드, 독일, 덴마크에 이르는 북해 연안에 발달한 갯벌로, 우리나라와 다르게 모래 형태의 갯벌이 많습니다. 이 중 독일의 갯벌이 전체의 3분의 2를 차지하며, 모든 갯벌은 국립공원으로 지정되어 있습니다.

세 번째, 캐나다 동부 연안 갯벌입니다. 대서양 연안을 따라 나타나며, 바다표범의 서식지로 유명하죠. 뉴브런즈윅주 전체 연안 지역의 약 40%가 갯벌로 이뤄져 있으며, 조수 간만의 차가 13m나 돼 길고 넓은 면적의 갯벌이 잘 발달되어 있어요.

네 번째, 아마존강 하구 지역입니다. 세계에서 가장 큰 강인 아마존강 유역은 남북한을 합한 면적의 약 30배 크기로, 길이 약 1,600km에 이르는 갯벌이 펼쳐져 있습니다. 갯벌은 삼각형 형태로 발달되어 있으며, 모래가 대부분을 차지하고 있어 바람 같은 자연환경에 따른 지형적 변화가 큰 편이죠.

마지막으로, 미국 동부 연안 갯벌입니다. 미국 대서양 연안에 걸쳐 있는 갯벌로, 사실 습지에 더 가까우며 크기가 매우 다양해요. 바닷물이 드나들어 소금기의 변화가 큰 축축하고 습한 땅이 발달돼 수많은 해양 생물의 서식지로 기능하며, 아열대·열대 지역의 해변이나 하구의 습지에 주로 나타나는 맹그로브숲이 형성되어 있어요.

여러분은 '람사르협약'에 대해 들어 봤나요? 1971년 이란의 람사르에서 채택돼 1975년에 발효된 국제 협약으로, 전 세계의 습지

세계 5대 갯벌

와 습지 자원을 보호하기 위해 맺어진 조약입니다. 습지란 습기가 많은 축축한 땅으로, 대표적으로 늪과 갯벌이 있으며 주로 하천이나 연못 및 그 주변에 형성됩니다. 그러니까 갯벌은 습지의 하위 개념이라고 보면 돼요. 습지는 '생물들의 슈퍼마켓'이라고 불릴 정도로 다양한 생물의 서식지인 데다, 오염원을 정화하는 기능도 있어 보호가 필요하죠.

세계 곳곳에서 습지를 메워 땅을 만드는 일이 늘어나자, 습지에서 먹이를 구하던 철새들의 서식지가 사라지고 환경이 오염되기 시작했습니다. 이에 심각성을 느낀 사람들은 철새들을 살리고 환경을 보호하기 위해서는 어느 한 나라의 습지만 지켜서는 안 된다고 의견을 모았고, 국제적인 조약을 맺게 된 거예요.

람사르협약에는 전 세계 160여 개국이 가입했으며, 우리나라는 1997년 101번째로 회원국이 됐습니다. 현재 우리나라에서는 창녕의 우포늪과 인제의 대암산 용늪 등 총 24곳이 람사르 습지로 등록돼 보호받고 있습니다. 하지만 아직도 대규모 방조제 건설, 간척 사업 등으로 인한 후유증이 계속되고 있어 환경을 보호하기 위한 지속적인 노력이 필요한 상황이랍니다.

미래의 녹색 가치, 갯벌에 주목하다

우리나라에서 갯벌을 메워 육지로 만드는 작업은 13세기 고려

시대부터 실시된 것으로 보입니다. 기록에 따르면 이 무렵 강화도 인근에서 농지를 확보하는 간척 사업이 실시됐다고 해요. 초기 간척은 식량난을 해결하려는 목적으로 주로 이뤄졌는데, 조선 시대에도 꾸준히 이어지다 일제강점기 들어 가장 활발히 진행됐습니다. 1910년대에는 간척으로 서해안과 남해안을 중심으로 쌀농사를 지을 땅이 크게 늘었고, 해안선이 톱니 모양에서 직선으로 변했죠. 민간인들 사이에도 소규모 갯벌을 메우는 작업이 성행했습니다. 그러다 1970년대부터는 급격한 산업화에 맞춰 공장이나 발전소, 쓰레기 매립장 부지 등을 조성하기 위한 대규모 간척 사업이 실시됐습니다. 이후 1990년대부터는 간척 사업이 다소 뜸해졌지만 기술 발달로 대형화되면서 갯벌 및 해안 서식지 파괴가 더욱 두드러졌어요. 해양수산부는 1990년대 들어 우리나라의 갯벌 면적이 15%가량 감소했다고 발표했지만 환경 단체들은 그보다 훨씬 많은 25%가량이 감소했다고 주장했습니다.

간척 사업의 폐해가 알려지면서 반대 개념인 역간척 사업이 주목받고 있습니다. 역간척이란 간척지에 바닷물을 유입시켜 이를 예전의 갯벌 및 습지로 복원하는 작업을 말합니다. 이를 위해 바닷물을 막고 있던 방조제의 콘크리트를 허무는 한편, 주변에 수생식물 등을 심는 작업이 실시돼요. 역간척은 간척 사업의 폐해를 인식한 몇몇 국가에서 활발히 진행되고 있습니다. 대표 주자인 독일, 네덜란드, 덴마크, 이 세 나라는 제2차 세계대전 이후 무너

진 경제를 살리기 위해 간척 사업을 적극적으로 실시해 왔습니다. 그런데 갯벌을 없애고 조성한 간척지가 농업·공업 용지로 구실을 못하는 데다, 육상 오염 물질이 유입되면서 환경 피해가 심해지자 간척 사업 추진을 법으로 금지하기에 이르렀습니다. 여기에 더해 역간척에 뛰어든 결과, 세 나라에 인접한 세계 최대 규모의 바던해Wadden Sea 갯벌이 원래 모습을 되찾았어요. 2009년 바던해는 '갯벌'로서는 최초로 세계 자연 유산에 등재됐고, 관광 명소로서 큰 인기를 누리며 엄청난 수익을 창출하고 있습니다.

갯벌은 미래의 녹색 대안으로도 주목받고 있습니다. 여러분은 '블루 카본blue carbon'이라는 말을 들어 봤나요? 연안에 사는 생물과 퇴적물을 포함한 해양 생태계에서 흡수하는 탄소를 뜻하는데, 특히 갯벌은 탄소를 흡수하는 거대한 저장고 역할을 한답니다.

세계 5대 갯벌 중 하나로 꼽히는 우리나라 갯벌이 연간 흡수하

는 블루 카본은 승용차 20만 대가 내뿜는 양과 맞먹을 정도입니다. 이는 온실가스 48만 4,500톤을 흡수하는 셈인데 30년 된 소나무 7,340만 그루가 해마다 흡수하는 이산화탄소의 양과 비슷하다니 정말 놀랍죠? 우리가 산림을 보호하듯 갯벌을 파괴하지 않고 잘 유지하기만 해도 기후 위기를 늦추는 데 큰 도움이 된다는 뜻이에요. 특히 블루 카본을 흡수하는 해양 생태계는 열대우림이나 침엽수림 등의 육상 생태계보다 분포 면적은 작지만 탄소 흡수 속도가 50배나 빠른 것으로 알려져 있습니다.

기후 위기가 가속화되면서 우리나라를 비롯한 국제사회는 2050년까지 탄소 배출량을 '0'으로 줄이기로 약속했어요. 탄소 배출을 아예 안 할 수는 없기 때문에 배출한 만큼 다시 흡수하는 기술이나 방법이 주목받고 있죠. 기후변화에 관한 정부 간 협의체 IPCC는 2019년 발표한 「해양 및 빙권 특별보고서」에서 블루 카본을 온실가스 감축의 수단으로 공식 인정했습니다. 블루 카본을 흡수하는 대표적인 해양 생태계는 맹그로브숲과 염습지(갈대, 해조류 등 염생식물이 서식하는 연안 모래언덕이나 갯벌), 잘피림(바닷물에서 꽃을 피우는 거머리말, 새우말 등 현화식물의 군락지) 등 3가지예요. 갯벌은 이산화탄소 흡수 능력에 대한 국제사회의 연구 결과가 없어 아직 공식 인정받지 못하고 있어요. 그래서 우리나라 정부와 학계는 몇 년 전부터 갯벌의 탄소 저장 능력을 과학적으로 평가함으로써 이에 포함하기 위한 노력을 하고 있습니다.

그런데 지구온난화로 해수면이 높아지면서 갯벌은 침수 위협도 받고 있어요. 갯벌의 다양한 생태계도 사라질 위기에 처해 있죠. IPCC에 따르면 갯벌을 포함한 연안 습지가 감소하면서 전 세계적으로 매년 최대 54억 톤의 이산화탄소가 흡수되지 않고 대기 중에 배출되고 있습니다.

우리나라에서도 연안 습지의 면적이 1987년 3,204km²에서 2018년 2,482km²로 30년 사이에 23% 감소했어요. 따라서 정부는 갯벌을 보존하고 면적을 점차 늘려 가겠다는 대책을 발표했죠. 갯벌은 미래 세대로부터 빌려 쓰고 있는 소중한 자원이라는 점을 명심하고 지금이라도 갯벌을 지키기 위해서 더욱 노력해야 합니다.

갯벌에 사는 다양한 생물들

여러분은 갯벌에서 게나 조개를 잡아 본 적이 있나요? 갯벌에는 다양한 생물들이 그만큼 다양한 방식으로 살아가고 있어요. 말미잘이나 따개비, 딱지조개 같은 생물들은 바위에 붙어 살아갑니다. 이러한 생물들은 다른 생물들에게는 물론 추위와 더위에도 그대로 노출되어 있으며, 강한 파도도 견뎌야 합니다. 그래서 바위에 붙어 사는 생물들은 석회질 같은 물질을 분비해 몸을 바위에 단단히 붙여 자신을 보호해요. 따개비나 굴 등이 하얀색에 표면이 울퉁불퉁한 이유 역시 햇빛에 노출된 상태에서 체온이 올라가는 것을 막기 위해서랍니다.

한편 게나 갯지렁이, 조개 같은 생물들은 썰물 때 갈매기 같은 포식자들의 먹잇감이 되기도 해요. 이 때문에 많은 갯벌 생물들은 갯벌 위보다 안전한 바닥에 굴을 파서 포식 동물들의 위협으로부터 자신을 보호합니다. 생물의 종류에 따라 만드는 굴의 모양도 다채롭습니다. 참방게와 짱뚱어는 Y자형, 개불과 미갑갯지렁이는 U자형, 꽃갯지렁이와 조개류는 I자형, 칠게와 달랑게는 J자형 굴을 파는 것으로 알려져 있어요. 갯벌이 펄인지 모래인지에 따라, 또는 계절에 따라서도 갯벌 생물들이 만드는 굴의 크기와 모양이 달라진답니다.

4 미스터리와 지구과학 → 사이

뼈는 모든 것을
알고 있다

곤충은 왜 이렇게 작을까요? 왜 강아지만큼 큰 곤충은 없을까요? 정답은 바로 '뼈'에 있습니다. 뼈는 생물의 몸이 쓰러지지 않게 지탱해 주고 몸속에서 한 존재의 흔적을 고스란히 담아내요. 그런데 곤충은 몸을 지탱해 주는 뼈가 없기 때문에 몸집이 커질 수가 없습니다. 반면에 중생대의 공룡은 어떤가요? 브라키오사우루스는 몸길이가 25m나 되고 키도 9m에 이르렀다고 합니다. 공룡이 이처럼 거대한 몸을 가질 수 있었던 이유는 바로 뼈가 있는 척추동물이기 때문입니다.

세상에는 사람, 강아지, 개구리, 토끼, 도마뱀, 물고기 등 다양한 척추동물이 살고 있습니다. 그러나 실제로 척추동물은 지구상에 서식하는 전체 동물의 5%밖에 되지 않는다고 해요. 나머지

95%는 몸속에 뼈가 없는 무척추동물입니다. 곤충이나 달팽이, 해파리, 조개 등을 떠올리면 되겠죠. 무척추동물은 최소한 10억 년 전부터 지구상에 존재해 온 것으로 추정됩니다. 초기의 무척추동물들은 대부분 단단한 껍질 없이 물렁물렁한 조직으로 이뤄져 화석이 남아 있지 않답니다. 화석으로 남겨진 뼈를 연구하면 우리가 생각하는 것보다 훨씬 더 무궁무진한 사연을 찾아낼 수 있는데 말이에요.

5억 년 전 과거를 보여 주는 블랙박스

척추동물의 경우 과거의 화석이 잘 보존되어 있는 편입니다. 최초의 척추동물 화석은 5억 3,000만 년 전 물에서 헤엄치던 작은 물고기로, 중국 원난성에서 발견됐습니다. 지금과 달리 턱뼈가 없는 구조를 갖고 있었는데, 초기 척추동물 연구에서 한 줄기 섬광 같은 발견이었죠. 지금으로부터 4억 5,000만 년 전에야 비로소 턱 있는 물고기 화석이 처음으로 출현했답니다. 턱이 있으면 호흡과 먹이 사냥에 더 유리하기 때문에 그렇게 진화한 것이라고 연구자들은 추측하고 있습니다. 이 외에 다른 무수한 척추동물 진화의 역사도 뼈에 고스란히 남아, 뼈는 과거를 보여 주는 블랙박스 같은 역할을 하고 있답니다.

미국 시카고의 필드 자연사박물관에는 매년 수만 명의 관람객을 끌어모으는 공룡 뼈가 전시돼 있습니다. 아이들이 가장 좋아하는 공룡인 티라노사우루스의 뼈로, 그 공룡의 이름은 '수^{Sue}'예요. 수는 전체 골격의 90%에 해당하는 뼈가 잘 보존되어 있는데, 몸 길이만 12m가 넘고 키도 4m나 되는 커다란 공룡이었습니다. 다 자라면 몸무게가 5,000kg에 이를 정도였죠.

수의 뼈는 1990년 여름 미국 중북부 사우스다코타주의 한 농장에서 발견됐습니다. 처음 발견한 사람의 이름을 따서 '수'라고 불리게 됐죠. 잘 보존된 공룡 뼈가 나왔다는 소식에 수 씨를 비롯한 업체 직원들은 복권이라도 당첨된 듯한 기분이 들었을 거예요. 그런데 공룡 뼈가 묻혀 있던 땅의 주인이 소유권을 주장하고 나섰습니다. 여러 해의 법정 싸움 끝에 법원은 땅 주인의 손을 들어 줬고 주인은 1995년에야 돌려받은 수의 뼈를 경매에 내놨어요.

미국 스미스소니언 자연사박물관을 비롯해 노스캐롤라이나 박물관, 키슬락 문화재단 등이 앞다퉈 경매에 나서자 입찰가는 끝없이 치솟았습니다. 1997년 10월 사상 최초로 경매에 나온 공룡 뼈는 결국 836만 달러(한화 약 100억 원)라는 어마어마한 금액에 낙찰됐죠. 행운의 주인공은 바로 시카고의 필드 자연사박물관이었습니다. 박물관을 대표할 유명 화석이 필요했는데, 때마침 수가 경매에 나온다는 소식을 듣고 비밀리에 부호들에게서 자금을 지원받은 거예요. 해당 박물관은 이 사실을 철저히 비밀에 부친 채

경매 전문가를 내세워 참가해 승자가 될 수 있었죠. 다른 박물관들은 향후 수년간 엄청난 패배감에서 벗어나지 못했다는 후문이 있습니다.

이렇듯 뼈는 엄청난 가치를 지니고 있습니다. 여러분, 최초의 인간으로 불리는 '루시Lucy'를 아시나요? 루시는 1974년 에티오피아 아파르 지역에서 발굴 도중 발견된 인류의 조상입니다. 루시가 발견되었을 때 누군가 비틀즈의 〈루시 인 더 스카이 위드 다이아몬드Lucy in the sky with diamond〉라는 노래를 크게 불러서 화석의 이름이 루시로 정해졌죠.

루시는 320만 년 전 아프리카를 누비던 인류의 조상으로 '오스트랄로피테쿠스 아파렌시스'에 속합니다. 그가 특별했던 이유는 몸의 40%에 해당되는 뼈가 발견됐기 때문이에요. 학자들이 상상했던 인류의 조상은 수박만 한 머리에 네발로 걷는 동물이었는데, 루시의 뼈를 연구한 결과 그렇지 않다는 사실이 밝혀졌죠. 루시의 뼈를 통해 인류의 조상은 자몽 한 개 정도 크기의 두뇌를 가졌고, 네발이 아닌 두 다리로 걸었다는 것을 알게 되었습니다. 또 루시의 골격을 분석한 결과, 고인류가 직립보행과 함께 나무를 오르는 데도 능했다는 것이 밝혀졌죠.

화석은 어떻게 생기는 걸까?

　화석 하면 우리 머릿속에는 거대한 공룡의 이미지가 떠오릅니다. 아무도 공룡을 실제로 본 적은 없지만 화석을 연구한 덕분에 공룡이 어떻게 생겼는지, 어디에 살았고 왜 멸종했는지 짐작할 수 있게 됐어요. 이렇듯 아주 먼 과거를 보여 주는 '블랙박스' 같은 화석은 어떻게 만들어졌을까요?

　화석은 옛날에 살았던 동물이나 식물의 흔적이 돌이나 지층 속에 남아 있는 것을 뜻합니다. 공룡의 뼈 같은 몸의 일부를 비롯해 발자국이나 배설물 등의 흔적도 화석이 될 수 있습니다. 이러한 흔적이 퇴적물에 묻힌 뒤에 오랜 시간이 지나 지각변동으로 지구 표면 가까이 이동하면 화석으로 발견되는 거예요.

바다에 살던 물고기를 예로 들어 볼까요? 물고기가 죽으면 살이 썩고 남은 뼈 주위에 오랜 시간 동안 모래와 진흙이 쌓이게 됩니다. 모래와 진흙은 단단한 돌이나 바위로 변해 가고, 지각이 움직이는 과정에서 그 일부가 지표면 가까이로 이동합니다. 물이나 바람에 의해 깎이고 깎이는 풍화작용을 거치면서 숨어 있던 화석이 우리 눈에 들어오게 되면, 그 순간 과거의 비밀이 벗겨지게 되지요. 하지만 모든 생물의 흔적이 화석으로 발견되는 것은 아닙니다. 앞서 말했지만 뼈나 치아, 껍데기처럼 단단한 부분이 있어야 화석이 되기 쉬워요. 온몸이 물컹물컹한 해파리는 화석으로 만들어지기 어렵다는 뜻이지요.

공룡은 중생대에 번성한 대표적인 동물로 꼽힙니다. 공룡 뼈와 발자국, 알 등의 화석이 중생대에 만들어진 지층에서 엄청나게 많이 발견됐기 때문이에요. 지금의 달팽이처럼 딱딱한 껍데기를 가진 암모나이트도 공룡과 함께 중생대를 대표하는 화석으로 꼽힙니다.

고생대 화석으로는 삼엽충과 갑주어, 신생대 화석으로는 매머드가 많이 발견되는데 이처럼 한 시대를 대표하는 화석을 '표준화석'이라고 부릅니다. 표준화석의 조건은 그 시대에만 생존해야 하고 분포 면적이 넓어야 해요. 고생대부터 신생대까지 모두 번성했다면 어느 한 시대를 대표할 수 없기 때문입니다. 또 화석으로 많이 발견되려면 일단 서식지가 넓고 개체 수가 많아야겠죠.

중생대를 주름잡던 공룡이 멸종한 원인은 소행성 충돌로 추정되는데, 이렇게 추측할 수 있게 해 주는 것도 바로 화석입니다. 마야문명의 발상지로 유명한 멕시코 유카탄반도에는 6,600만 년 전 거대한 소행성이 충돌한 흔적이 남아 있습니다. 특히 '칙술루브Chicxuluv'에서 일어난 이 대충돌로 죽음을 맞은 동물들의 거대한 화석 무덤이 약 3,000km 떨어진 미국 노스다코타주에서 발견되어 사람들을 놀라게 했죠. 화석 무덤에는 물고기들이 차곡차곡 쌓여 있었고 불에 탄 것으로 보이는 나무와 포유동물, 다양한 종류의 공룡 뼈, 암모나이트 화석 등이 묻혀 있었습니다. 과학자들은 당시 충돌로 공룡을 비롯한 지구 생명의 75%가 멸종한 것으로 보고 있습니다.

살아 있는 화석, 실러캔스

공룡과 함께 지구에서 멸종한 것으로 알려져 있던 존재가 다시 등장해 화제가 되기도 했습니다. 그 주인공은 바로 중생대에 살던 물고기 실러캔스예요. 1938년 남아프리카 마다가스카르섬 부근에서 실러캔스가 발견돼 전 세계가 발칵 뒤집혔습니다. 수천만 년 전에 멸종한 줄 알았는데 아직까지 생존하고 있다니 믿기 힘든 소식이었지요.

실러캔스의 화석은 약 3억 9,000만 년 전인 고생대 데본기부터 중생대 대멸종이 있었던 6,600만 년 전의 지층에서만 나왔기 때문에 이후 사라진 것으로 여겨졌습니다. 만약 실러캔스가 지금까지 살아남았다면 '살아 있는 화석'이라고 불러도 되지 않을까요?

실러캔스가 세상에 드러나게 된 계기는 바로 남아프리카공화국의 박물관에서 일하던 직원에 의해서였어요. 이상하게 생긴 물고기를 어부에게서 넘겨받은 뒤 어류학자에게 감정을 의뢰한 결과, 실러캔스라는 사실이 알려지게 되었습니다.

실러캔스는 4개의 지느러미를 교대로 움직이며 헤엄치는데, 이것이 육상동물이 네발로 걷는 모습과 비슷합니다. 실러캔스는 물고기에서 육상동물로 이어지는 진화 과정을 설명하는 중요한 단서를 제공해 세상에서 가장 희귀한 물고기로 불려요. 이후 1997년 인도네시아의 술라웨시섬 북쪽 해안에서도 실러캔스가 발견됐는데, 신혼여행을 온 부부가 어시장을 둘러보다가 우연히 실러캔스를 알아봤다고 해요. 우연인지 필연인지 남편이 해양생물학 박사였다고 합니다.

'살아 있는 화석'은 실러캔스뿐만이 아닙니다. 관광지로 사람들이 즐겨 찾는 메타세쿼이아 숲길을 아나요? 메타세쿼이아 역시 화석으로만 발견되다가 1946년 중국 쓰촨성에서 '생존 신고'를 했답니다. 산림 담당 공무원이 처음 발견하고 베이징대에 보내 확인한 결과, 중생대에 공룡과 함께 번성했던 메타세쿼이아라는 사실이 드러났습니다.

1994년 호주에서도 수천만 년 전에 멸종한 것으로 알려진 중생대의 소나무가 다시 발견되어 과학자들을 놀라게 했습니다. 앞으로도 오래전 멸종한 것으로 알려진 동물이나 식물들이 어딘가에서 발견되지 않을까요? 기나긴 시간 동안 환경의 변화를 꿋꿋이 견디며 살아남은 생물들에게 존경스러운 마음까지 생겨나요.

지금도 영화에서는 공룡이 아직도 살아 있는 미지의 섬을 발견한다는 내용이 단골로 등장하곤 합니다. 영국 스코틀랜드의 네스호에는 '네시Nessie'라는 괴물이 살고 있다는 얘기도 나왔죠. 과학적인 근거가 없어 허구로 추정되지만 물에 살던 수장룡인 플레시오사우루스일 가능성이 있다는 일부의 주장도 있습니다. '믿거나 말거나'이지만 중생대의 공룡 한 마리쯤 지구 어딘가에 살아 있다면 좋지 않을까요? 옛날 만화 〈아기공룡 둘리〉처럼요.

죽은 자는 DNA로 말한다

멀리 1,500년을 거슬러 올라가 신라 시대로 가 봅시다. 그 당시 사람들의 실제 생김새는 어땠을까요? 2016년 국내 연구진이 3년에 걸친 연구 끝에 신라 시대 여인의 얼굴을 복원하는 데 성공했습니다. 해당 연구는 2013년 경주시 도로 공사 중 발견된 신라 시대 유골을 토대로 진행됐습니다. DNA 분석 결과 뼈의 주인공은

30대 후반의 여성으로 추정됐죠.

연구진은 이 여성의 얼굴을 복원하기 위해 부서진 채 발굴된 90여 개의 머리뼈 조각을 먼저 맞췄습니다. 그리고 뼛조각을 하나하나 스캔한 뒤에 3차원 모델링 기법으로 가상의 두개골을 완성했습니다. 여기에 우리나라 사람의 피부 평균 두께를 고려해 근육과 살을 붙였죠. 그 결과 신라 시대 여성의 머리는 현대 여성보다 뒤통수가 튀어나왔고, 이마 넓이가 훨씬 좁으며 전반적으로 작고 갸름했던 것으로 나타났습니다.

연구진은 탄소·질소 동위원소분석을 통해 당시의 식생활도 분석했습니다. 동위원소란 원자 번호는 같으나 질량수가 서로 다른 원소를 일컬어요. 분석 결과, 이 여성은 생전에 밀이나 쌀, 감자 등의 곡물을 주로 먹었으며 고기는 거의 먹지 않은 것으로 추정됐습니다. 보통 뼈 속에 탄소 비율이 높으면 곡물을, 질소 비율이 높으면 고기를 많이 먹었다는 뜻이에요.

이번에는 서양의 사례를 살펴볼까요? 고대 이집트의 왕 투탕카멘과 프랑스의 황제 나폴레옹의 사인은 무엇이었을까요? 유골을 분석한 결과, 투탕카멘은 자연사한 것으로 보이나 나폴레옹은 비소중독으로 사망한 것으로 나타났습니다. 인체에 유입된 독성분이 뼈에 흔적을 남겼기 때문에 사인을 밝힐 수 있었죠. 비소뿐만 아니라 납이나 수은 같은 중금속도 뼈에 쉽게 축적된답니다.

러시아 모스크바의 크렘린궁전에서는 안치된 중세 왕족의 유골을 검사한 결과, 일반인보다 훨씬 많은 양의 중금속이 발견됐습니다. 과학자들은 이것이 15세기 러시아 귀부인들이 수은과 납이 잔뜩 들어 있는 화장품을 자주 사용했기 때문이라는 결론을 내렸어요.

　유골만 남아 있더라도 뼈 속의 DNA를 이용하면 그 사람이 누구인지 알아낼 수 있습니다. 원래 DNA는 골수에서 가장 쉽게 얻을 수 있지만 안타깝게도 골수는 사후 2~3일이면 부패해 버립니다. 그렇기 때문에 유골의 신원을 확인하기 위해서는 뼈의 단단한 부분을 약품으로 녹여 그 안에 있는 뼈세포를 꺼내 DNA를 추출한 뒤 가족의 DNA와 비교한답니다. 이 방법을 쓰면 전쟁터에서 숨진 전사자나 비행기 추락 사고 등으로 사망한 사람들의 신원도 확실히 밝힐 수 있어요. 실제로 우리나라에선 6·25 전쟁 당시 실종된 전사자들의 유해로부터 DNA를 추출해 유가족의 품으로 돌려보내는 일을 계속하고 있어요. 어때요, 뼈를 통해 알 수 있는 것들이 정말 많죠? 한마디로 뼈는 시간 여행을 할 수 있는 타임머신인 셈입니다.

흑인과 백인은 두개골이 다르다?

"백인과 흑인은 두개골 모양이 달라.", "흑인은 원래 복종하려는 마음을 갖고 태어나지." 쿠엔틴 타란티노 감독의 영화 〈장고Django Unchained〉에서 백인 농장주는 사망한 흑인 노예의 두개골을 식탁에 놓고 이와 같이 말합니다. 이 말의 바탕에는 '골상학'이 깔려 있어요. 이는 두개골의 모양을 보고 그 사람의 성격이나 운명을 판단하는 학문으로, 18세기 프랑스의 해부학자였던 프란츠 요제프 갈Franz Joseph Gall이 창시한 이론이에요. 그는 뇌의 여러 부위가 담당하는 기능이 각각 따로 있으며, 특정 기능이 우수할수록 그 부위가 커져 두개골의 모양에 그것이 반영된다고 주장했습니다. 두개골의 형태와 크기를 측정해 그 사람의 성격과 정신 기능의 특성을 알 수 있다고 믿은 거예요. 골상학은 인종주의와 결합하면서 19세기 내내 대중적인 인기를 유지했습니다.

한편 미국의 일부 골상학자들은 흑인을 노예로 부리는 것을 정당화하기 위해 골상학을 이용하기도 했어요. 그들은 백인 남성의 우월함을 정당화하기 위해 남녀의 뇌, 백인과 유색인의 두상이 다르며 그것이 곧 우열을 가리는 표시라고 주장했죠. 독일 나치 시대의 과학자들도 골상학을 통해 게르만족의 우수성을 증명하려고 했습니다. 엉뚱하게 머리뼈의 크기와 모양으로 무서운 꼬리표를 붙이던 사이비 이론은 결국 제2차 세계대전의 종료와 함께 역사 속으로 영원히 사라지고 말았답니다.

건조한 기후에도 꽃이 피어

사막

끝없이 펼쳐진 모래 위로 아지랑이가 피어오르고, 작열하는 태양 아래 물 한 방울 찾기 어려운 곳. 바로 '사막'입니다. 사막은 덥고 건조한 기후로 동식물이 살기 어렵고 인간의 활동도 제약되는 곳이에요. 동식물은 수분을 체내에 저장하고 뜨거운 열을 이겨 내는 방식으로 진화하며 사막기후에 적응해 왔습니다. 사람들도 사막의 덥고 건조한 기후에 최적화된 옷차림과 주거 형태를 발달시켜 나갔죠. '사막의 꽃'이라 불리는 오아시스는 실크로드의 주요 거점으로서 교역의 중심지 역할을 해 왔습니다.

또한 사막은 풍부한 미래 자원의 보고입니다. 석유, 초석, 리튬을 포함하여 앞으로 경제 발전을 이끌 필수 자원들이 풍부하게 매장되어 있죠. 그런데 기후변화로 인해 사막화 현상이 점점 심화되고 있습니다. 특히 중국 내륙의 사막화는 우리나라에 직접적인 피해를 주고 있어요. 갈수록 심해지는 사막화 현상에는 어떤 대책이 있을까요?

척박하지만 아름다운 땅

사막은 강수량이 적어 동식물과 인간의 활동이 제약되는 지역입니다. 연평균 강수량이 250mm 이하이다 보니 공기가 매우 건조하고, 햇볕이 강하게 내리쬐어 밤낮의 일교차가 매우 크죠. 지구 전체 육지 가운데 사막이 차지하는 비율은 약 10분의 1로 총면적은 1,500만 km²가 넘습니다. 그런데 사막의 비율은 점점 증가하고 있어요. 자연적인 기후 변동이나 인간의 간섭에 의해 기존의 사막이 확대되는 과정을 '사막화'라고 하는데, 현재 사하라사막 남쪽의 사헬 지대에서 사막화가 매우 빠르게 진행되고 있습니다. 사막화는 대기 대순환의 변화로 인해 장기간에 걸쳐 건조기후가 나타날 때 주로 진행됩니다. 지구온난화로 인해 더욱 심화되고요. 또 인류가 인구를 지탱하고 자원을 공급하기 위해 실시해 온과도한 경작과 방목, 산림 훼손 등이 토양을 황폐하게 만들어 사막화의 원인이 되고 있습니다.

보통 사막이라고 하면 작열하는 태양과 달궈진 모래가 연상됩니다. 그런데 사막은 더운 곳에만 있는 것이 아니며 여러 지역에서 다양한 원인으로 생성돼요. 그중에서도 특히 기압, 풍향, 바다와의 거리 등은 사막이 생성되는 데 중요한 요인으로 작용하죠. 예컨대 사막이 생기는 곳은 주로 고기압대입니다. 고기압에서는 공기가 누르는 힘이 강해져 하강기류가 형성되는데, 이때 공기는 아래로 내려오면서 지표의 복사열을 받아 고온·건조해져요. 그 결과 비가 내리지 않는 건조한 사막이 형성되죠.

사막은 기후에 따라 '열대 사막, 온대 사막, 한랭 사막'으로 구분됩니다. 열대 사막은 남북위 30℃ 이내의 아열대 고기압대에 분포하는 사막입니다. 이곳의 연평균 강수량은 250mm 정도로 사막 가운데서는 상당히 많은 편에 속하지만, 증발률이 높아 지표가 건조합니다. 북아프리카의 사하라사막, 아라비아반도의 아라비아사막, 인도의 타르사막, 미국의 소노라사막 등이 이에 해당해요.

온대 사막은 남북위 30~60℃ 부근의 온대기후 지역에 발달한 사막으로, 바다로부터 거리가 매우 멀다는 것이 특징입니다. 그로 인해 수증기가 공급되지 않아 강수량이 적죠. 사방이 산으로 둘러싸인 내륙 및 분지 지형에 주로 분포해 있는데, 중앙아시아 내몽골의 고비사막, 타림분지의 타클라마칸사막, 미국 서부의 그레이트베이슨사막을 예로 들 수 있습니다.

그런가 하면 수분 공급이 원활할 것 같은 바다 바로 옆에 사막이 형성되기도 해요. 이를 해안사막이라고 하는데, 한류 해역 부근은 차가운 바다 공기로 인해 기온이 낮아져 바닷물이 증발되지 않고 공기가 상승하지 못합니다. 따라서 고기압이 발달하게 되고, 비구름이 자주 형성되지 않아 건조기후가 나타나죠. 남아메리카 칠레의 아타카마사막과 아프리카 남서부의 칼라하리사막, 나미브사막 등이 이에 해당해요.

한랭 사막은 날씨가 매우 춥고 연평균 강수량이 125mm 이하로 건조한 지역에 발달합니다. 사계절의 대부분이 눈과 얼음으로 뒤덮인 툰드라사막을 비롯해 남극대륙, 그린란드 등의 영구 빙설 사막이 이에 해당해요.

또 표면을 형성하는 물질에 따라 '암석사막, 모래사막, 자갈사막'으로 구분하기도 해요. 보통 사막이라고 하면 모래사막을 떠올

기후에 따른 사막의 구분

리기 쉽지만 실제 지구상에는 모래사막보다 암석사막이나 자갈사막이 훨씬 많이 분포해요.

사막기후의 주요 특징은 강한 모래바람입니다. 모래바람은 낮 동안 뜨거워진 공기가 대류 현상(기체나 액체에서 물질이 이동하며 열이 전달되는 현상)에 의해 모래 입자와 함께 대기 중으로 올라가면서 발생해요. 이때 바람이 일면 먼지가 모래 폭풍으로 변하면서 지표면을 뿌옇게 덮죠. 심할 때는 몇 미터 앞을 분간하기 어려울 정도로 강력한 모래바람이 붑니다. 모래바람은 지역이나 국가에 따라 불리는 명칭이 다른데, 가령 아라비아사막에서는 '캄신', 사하라사막 남부에서는 '하르마탄', 이란·이라크 사막에서는 '샤말', 아르헨티나 사막에서는 '존다', 호주 사막에서는 '브릭필더'라는 이름을 지닙니다.

사막에서도 수년에 한 번 정도는 아주 큰비가 내립니다. 이렇게 내린 호우는 사막에 간헐하천 '와디wadi'를 만들어요. 와디의 물은 홍수가 되어 흐르다가 곧 마른 골짜기를 형성하는데 이것은 교통로로 이용되곤 하죠.

사막은 일교차가 큰 편이어서 낮 기온이 50℃ 이상이었다가 밤에 영하권으로 떨어지는 곳도 있어요. 이는 사막에 물보다 모래가 많기 때문으로, 모래는 비열(1kg의 온도를 1℃ 올리는 데 필요한 에너지)이 물의 5분의 1 수준에 불과해 물보다 온도 변화가 잘 일어납니다. 더구나 사막에는 식물이 없기 때문에 태양열이 공기와 땅을 더욱 뜨겁게 데웁니다. 따라서 낮에는 모래가 물보다 더 빨리 뜨거워지고, 밤에는 더 쉽게 차가워져요.

사막의 기적, 오아시스

사막은 1년 내내 강수량보다 증발량이 많기 때문에 언제나 물이 절대적으로 부족합니다. 그런 사막에 생기는 호수가 바로 '사막의 기적'이라 불리는 오아시스죠. 오아시스의 물은 높은 지대에 내린 비나 눈이 지하수로 흘러들어 형성돼요. 지하수는 지하의 암석층에 갇혀 있다가 지표에 노출되면 오아시스가 되죠. 이 때문에 오아시스의 물은 1만 년 이상 됐을 수도 있다는 연구 결과가 있어요.

오아시스는 여러 중요한 기능을 합니다. 사막의 식물과 동물들에게 서식처가 되어 주는가 하면, 사막 생활의 중심지로 대추야자, 밀, 보리 등의 재배를 가능하게 하죠. 더불어 사막을 오가는 상인들의 교역 거점으로도 중요한 역할을 한답니다. 이집트와 리비아의 국경 근처에 있는 '시와 오아시스'는 동서 길이가 약 160km에 달하는 거대 오아시스예요. 이곳에는 고대 이집트의 아몬 신전과 프톨레마이오스왕조의 유적, 고대 로마의 신전과 묘석도 남아 있어요.

사막에서는 독특한 지하 관개수로인 '카나트qanāt'도 볼 수 있어요. 지표면의 수로로 물이 흐르면 모두 증발해 사라지기 때문에 땅속에 물길을 낸 것이죠. 카나트는 서남아시아와 북아프리카에 있는 사막지대에 특히 발달했답니다.

사막에는 바람의 침식·운반·퇴적작용이 빚어낸 대표적인 작품으로 사구, 버섯 바위, 삼릉석이 있습니다. 사구는 바람에 날린 모래가 쌓여 만들어진 모래언덕으로 평면이 초승달 형태예요. 버섯 바위는 바람 속 모래가 바위의 아랫부분을 깎아 만든 바위이고요. 삼릉석은 모래바람에 깎여 세 개의 모서리가 생긴 돌이에요.

사막에서 살아가는 생물들은 저마다 다양한 생존 전략으로 건조하고 더운 기후에 적응해 왔어요. 먼저 식물들은 몸체에 물을 가능한 한 많이 저장하는 쪽으로 진화해 왔어요. 사막은 연 강수량이 250mm가 채 되지 않기 때문에, 식물들은 뿌리를 땅속 깊이 내려 물을 찾았어요. 몸체에서 수분의 증발을 최대한 막기 위해

표피를 두껍게 발달시키고 잎은 바늘 모양으로 진화했죠. 알뿌리나 뿌리줄기를 발달시켜 물을 저장하기도 하고요. 비가 내리지 않는 건기에는 물을 찾기 더욱 힘들기 때문에 아예 생장을 멈추는 식물도 있답니다.

사막에 사는 동물들도 건조하고 더운 기후에 적응하기 위한 각자의 전략을 갖고 있습니다. 낙타는 사막기후에 가장 잘 적응한 동물이에요. 낙타의 두꺼운 털은 햇빛을 반사해 주는 역할을 하며, 모래에서 올라오는 뜨거운 열도 차단해요. 낙타는 자기 다리에 오줌을 누는 독특한 행동을 하는데, 다리에 묻은 오줌이 증발하면서 열을 빨아들여 체온을 낮춰 주기 때문이에요. 또 낙타가 햇빛을 향해 서 있는 모습을 자주 볼 수 있는데, 이는 얼굴은 햇빛을 받더라도 몸통 부위에 그늘을 만들기 위해서입니다.

척박한 사막에 나무를 심는 이유

유엔환경계획UNEP이 지난 2011년 발표한 자료에 따르면, 전 세계적으로 육지 면적 1억 4,900만 km² 가운데 3분의 1인 5,200만 km²에서 사막화가 진행됐다고 합니다. 매년 서울 면적의 100배인 6만 km²가 사막으로 바뀌고 있고요. 세계에서 가장 큰 사막인 사하라사막은 지난 100년간 면적이 약 10% 넓어졌습니다. 그 결과 현재 사하라사막은 미국 국토 전체 크기만큼 커졌죠. 이는 지구온난화에 따른 온도 상승으로 주변 땅들이 사막으로 변했기 때문입니다.

개발로 인한 삼림 파괴는 사막화를 가속화하는 요인 중 하나예요. 사막화가 심해지면 풀이 나던 땅이 사람들이 거주할 수 없는 땅으로 황폐화되며, 이로 인해 지역사회는 혼란에 빠집니다. 심하면 내전까지 발생하는데, 아프리카의 내전은 대부분 사막화로 인해 촉발됐습니다. 다르푸르 내전, 에리트레아 내전 등 다양한 내전의 원인이 심각한 사막화에 있었어요.

가속화되는 기후변화도 사막화에 영향을 미치고 있습니다. 기후변화로 지구의 평균기온이 상승하고 강수량이 줄어들면서 사막이 확대되는 결과를 낳았어요. 예를 들어 우리나라로 들어오는 황사의 발원지인 몽골의 경우, 기후변화의 영향으로 겨울에 얼었던 땅이 예년에 비해 빨리 녹고 있습니다. 이 때문에 1년 중 첫 황사의 발생 시기가 앞당겨지면서 황사 발생 횟수가 늘어나고 있습니다. 황사 발원 지역이 넓어지고 과거보다 더욱 건조해져 황사의 발생 규모도 커지는 추세입니다.

한편 몽골은 물론 중국 내륙지역도 사막화가 가속화되고 있는데, 그 결과 우리나라에 직접적으로 피해를 주는 황사도 매년 잦아지고 세력 또한 강해지고 있습니다. 우리나라로 오는 황사의 약 40%는 중국의 네이멍구자치구에 있는 사막에서 날아옵니다. 20%는 몽골 고비사막에서 온 것이고요. 봄이 되어 편서풍이 불면 중국과 몽골의 사막에서 발생한 황사가 하루 만에 우리나라로 날아와 피해를 일으켜요.

이런 사막화를 막기 위해 사막에 나무를 심는 사막 녹지화 사업이 이뤄지고 있습니다. 사막에 나무를 포함한 식물을 심어 숲과 초원을 조성하면 바람으로 인해 모래가 날리는 현상을 막을 수 있습니다. 또한 방풍림을 조성해 황사 바람을 막는 '방어벽'을 세우기도 합니다. 예를 들어 몽골 정부는 황사가 불어오는 길목에 그린벨트를 조성하겠다는 계획을 밝히기도 했습니다. 사막의 녹지화 사업은 우리나라를 포함한 주변 국가에서도 동참해 이뤄지고 있는 구제적 협력 사업이기도 합니다. 일각에서는 해수를 펌프로 끌어올려 사막에 습한 공기를 만드는 방법도 시도하죠. 습한 공기는 작물이 자라기 좋은 온실 환경을 만들어 주는 데다, 나중에 모으면 물로 만들어 쓸 수도 있거든요.

하지만 사막으로 인해 피해만 발생하는 것은 아니에요. 겉으로는 척박해 보여도 사막은 풍부한 자원의 보고여서, 각종 광물자원이 매장돼 있죠. 대표적으로 '석유'가 있어요. 석유는 19세기 산업혁명 이후 전 세계의 변혁과 경제 발전을 이끈 원동력이 된 자원입니다. 석유 산지는 베네수엘라, 사우디아라비아, 캐나다, 이란, 이라크 등 극히 일부 지역에 편재돼 있어요. 세계 석유 매장량 10위권의 국가들 중 무려 절반이 사막 지역인 중동에 집중되어 있습니다. 이들 국가는 대부분 석유 수출 산업을 통해 수입을 거두고 있어요.

칠레 북부에 위치한 아타카마사막은 지구상에서 가장 건조하고 메마른 땅이라 불립니다. 사막 대부분이 염분, 모래, 화강암으로 이뤄져 있어 황량한 모습이죠. 그런데 이곳에는 초석, 구리, 은, 코발트, 니켈 등 광물자원이 풍부하게 매장되어 있어요. 특히 초석은 화약, 질소 비료 등을 만들 수 있는 천연자원으로, 전 세계 각국으로 수출되고 있죠.

소금 사막으로 유명한 볼리비아의 우유니 소금 사막에는 '리튬'이 다량 매장돼 있는 것으로 알려져 있습니다. 그 양이 무려 전 세계 매장량의 43% 정도라고 하죠. 리튬은 전기 자동차에 동력을 공급하고 저장용 배터리를 만드는 데 필수 요소로, '하얀 석유'라고도 불려요. 전기 자동차 수요의 증가와 함께 앞으로 없어서는 안 될 핵심 원료로 꼽히고 있죠. 따라서 세계 여러 국가가 리튬을 확보하기 위해 치열한 경쟁을 벌일 것으로 예상돼요.

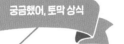

동서양을 잇는 무역로, 실크로드

사막은 동서양을 잇는 무역로로서 중요한 역할을 해 왔습니다. 특히 사막의 오아시스 주변은 마을과 시장이 형성되고 교통이 발달해 교역의 거점 역할을 했어요. 고대에 아시아와 서역의 정치·경제·문화 교류를 가능하게 한 '실크로드Silk Road' 역시 사막 지대의 오아시스들을 연결하는 길에서 시작됐어요. 당시 이 길을 통해 유럽으로 운반되던 주요 물품이 중국의 비단(실크)이었기 때문에 이런 이름이 붙게 됐죠. 비단은 로마 제국에서 특히 큰 인기를 모으며 진귀품으로 취급됐거든요. 그러다 점차 실크로드라는 개념이 확대되면서 동서양 간에 여러 교역품이나 문물이 교류되는 교통로를 뜻하는 상징어가 됐습니다.

실크로드는 중국에서부터 중앙아시아와 서아시아를 지나, 터키의 이스탄불과 로마까지 이어지며, 총 길이가 6,400km에 달합니다. 크게 '오아시스로, 초원로, 해로' 이렇게 세 갈래로 나뉘어요.

실크로드는 2,500여 년간 맥을 이어 왔는데, 18세기에 이르러 초원로와 오아시스로는 그 기능을 거의 상실했어요. 근대적인 교통수단이 발명·이용되기 시작했고, 근대적인 민족국가들이 출현하면서 사람과 물자의 자유로운 이동이 제한됐기 때문입니다.

달 탐사는
못 참지

행성

만약 밤하늘에 은은하게 빛나는 달이 없었다면, 로미오는 줄리엣에게 사랑을 고백할 기회를 놓쳤을지 몰라요. 로미오는 흔들리지 않는 자신의 사랑을 달에 맹세하려고 했거든요. 그리스신화에 나오는 달의 여신 '셀레네'는 어떤가요? 그는 어느 달빛 밝은 밤, 지상의 한 남성을 보고 치명적인 사랑에 빠집니다. 늙어 죽는다는 인간의 숙명에서 벗어나게 하기 위해, 영원한 젊음의 대가로 그를 끝없는 잠에 들게 만들었죠.

달을 의미하는 라틴어 'luna'에서 유래된 '루나틱lunatic'은 '정신이상자'나 '미친 사람'을 이르는 단어입니다. 달은 이처럼 낭만의 상징인 동시에 광기의 표상이기도 해요. 달이 가진 다양한 이미지는 동서양의 수많은 신화와 전설을 낳았습니다. 달은 바닷물만 밀었다 당겼다 하는 것이 아니라 사람의 마음과 심리 상태, 문학적 상상을 반영하는 매개체이기도 했거든요.

과학기술이 발전함에 따라 달은 상상의 세계를 넘어 실제로 탐험이 가능한 공간으로 변하고 있습니다. 이처럼 달은 인류의 상상력과 탐구심을 자극하는 천체예요. 한편 달 탐사를 두고 전 세계는 뜨거운 경쟁을 벌이고 있습니다. 인류는 왜 달을 개척하고 달에 가려 하는 걸까요?

달, 달, 무슨 달?

지상의 물체와 대비하여 하늘에 있는 물체를 '천체'라고 부릅니다. 천체는 다시 스스로 빛을 내는 별 '항성'과 항성 주위를 도는 '행성', 행성 주위를 도는 '위성', 태양을 중심으로 도는 천체 가운데 행성보다는 작지만 유성체보다는 큰 '소행성' 등으로 나눌 수 있어요. 그중에서 달은 지구라는 행성 주위를 도는 위성입니다.

달은 지구의 유일한 '자연 위성'이에요. 사람이 발사한 인공위성은 지구 주변 궤도에 만 개가 넘게 존재하지만, 지구의 인력에 이끌려 온 자연 위성은 달뿐입니다. 달은 태양계에 존재하는 위성 가운데 다섯 번째로 크며, 달보다 큰 위성으로는 목성의 위성인 가니메데와 칼리스토, 이오, 그리고 토성의 위성인 타이탄이 있습니다. 태양계에는 200개가 넘는 위성이 있는 것으로 알려져 있으며, 특히 토성은 2019년 위성 20개가 새롭게 발견돼 총 82개 위성을 갖고 있어 79개인 목성을 앞질렀답니다. 관측 기술이 발달하고 있으니 순위는 또 바뀔 수 있어요.

2015년 미국항공우주국에서 발표한 자료에 따르면, 달은 1년에 약 3.8cm씩 지구로부터 멀어지고 있습니다. 이런 현상이 발생하는 원인에 대해서는 다양한 가설이 존재해요. 그중 하나를 살펴볼까요? 달의 인력 때문에 지구에서는 밀물과 썰물이 생겨요. 달에 가까운 쪽에서는 당기는 힘(인력)에 의해 바닷물이 모이고, 반대쪽에서는 도망가려는 힘(원심력)에 의해 바닷물이 불어나게 되죠. 문제는 달이 지구가 자전하는 속도보다 느리게 공전한다는 데 있습니다. 달이 지구의 바닷물을 꽉 잡고 있으면서 지구의 자전을 방해하기 때문에 마찰력이 생기는 거예요. 그러면 지구의 자전 속도는 조금씩 느려지고, 그만큼 달이 지구를 도는 공전 속도도 느려지게 됩니다.

그런데 달의 공전 속도가 느려지면 지구로부터 점점 멀어질 수밖에 없습니다. 이러한 현상은 '각운동량 보존법칙' 때문입니다. 다른 사람과 손을 마주 잡고 빙글빙글 돈다고 생각해 보세요. 빨리 회전할수록 둘 사이의 거리가 가까워지고 천천히 회전하면 다시 멀어질 거예요. 마찬가지로 달이 지구를 도는 공전 속도가 느려지면 지구와 거리가 멀어질 수 있습니다.

하지만 너무 걱정하지 않아도 돼요. 달이 지구로부터 멀어지는 속도는 연간 3.8cm로 우리가 알아채지 못할 정도랍니다. 100년 후에는 380cm, 약 4m 정도 멀어지게 되죠. 그런데 티끌 모아 태산이라고 10억 년 후에는 3만 8,000km, 100억 년 후에는 현재 거리의 두 배로 멀리 떨어지게 됩니다. 그때는 과연 어떤 일이 벌어질까요?

거리가 멀어진 만큼 달의 인력이 줄어들기 때문에 지구에도 어마어마한 변화가 일어날 것으로 예상됩니다. 조수 간만의 차이가 줄어들어 공기와 해류가 제대로 순환하지 못하고, 지구의 자전축에도 변화가 생길 수 있습니다. 가령 자전축의 경사가 지금보다 커지면 지구에서 계절이 사라질 거예요. 또 지구의 자전주기가 길어지면서 하루의 길이도 지금보다 늘어나고 그만큼 일교차도 커지겠죠. 지구의 기후와 환경은 지금과 전혀 다른 모습으로 변할 거예요.

가깝고도 먼 천체, 달

여러분은 일식이나 월식을 구경한 적이 있나요? 달과 지구, 태양이 만드는 환상적인 우주 쇼가 바로 일식과 월식으로, 지구가 태양 주위를 공전하고, 달은 지구를 공전하기 때문에 나타나는 현상입니다. 자주 일어나지 않기 때문에 일식이나 월식이 찾아올 것으로 예측되면 전 세계적인 관심이 쏟아집니다.

일식은 태양과 지구 사이에 달이 나란히 놓이면서 달의 그림자가 태양을 가리는 현상이에요. 태양의 전부가 가려지면 개기일식, 일부만 가려지면 부분일식이라고 불러요. 달의 크기는 태양보다 작은데 어떻게 태양을 전부 가릴 수 있냐고요? 비밀은 바로 거리에 있습니다. 가까이 있는 물체는 우리 눈에 크게 보이고 멀리 있는 물체는 작게 보여요. 태양은 달보다 400배나 크지만, 동시에 400배나 멀리 떨어져 있기 때문에 둘의 크기가 비슷하게 보인답니다.

월식은 태양과 지구, 달이 일직선에 놓이면서 지구의 그림자가 달을 가리는 현상이에요. 달의 전부가 가려지면 개기월식, 일부가 가려지면 부분월식이라고 부르죠. 일식은 월식보다 자주 일어나지만 직접 보기가 쉽지 않습니다. 특히 개기일식의 경우 태양과 달, 지구가 일직선 상태로 지나는 아주 좁은 지역에서만 관측할 수 있어요. 개기일식 소식이 들리면 해외까지 보러 가는 관광객들도 많아요. 어렵게 해외에 나갔다고 해도 개기일식이 진행되는 시간은 2~3분 정도에 불과하답니다. 반면에 월식은 밤인 곳이면 어디에서나 볼 수 있기 때문에 더 쉽게 관측할 수 있습니다.

개기월식이 진행되면 보름달이 완전히 사라질 거라고 생각하지만 아닙니다. 오히려 달이 붉게 보여서 '레드 문red moon' 또는 '블러드 문blood moon'이라고 불러요. 개기월식 때 달이 붉게 보이는 이유는 지구의 대기를 통과한 햇빛 가운데 파장이 긴 붉은색이 가장 멀리 가서 달에 비치기 때문입니다.

그렇다면 '블루 문blue moon'은 뭘까요? 이름만 보면 파란색 달을 떠올릴 수 있지만, 사실 색깔과 상관없습니다. 달의 공전주기는 29.5일로, 달력 속의 한 달과 정확하게 일치하지 않기 때문에 한 달에 보름달이 두 번 뜰 때가 있습니다. 블루 문은 바로 한 달에 두 번째로 뜨는 보름달을 가리켜요. 두 번째 보름달은 우울하다고 해서 블루 문이라고 불러요.

또 평소보다 달이 지구에 가깝게 다가와 크게 보이면 '슈퍼 문'이라고 부릅니다. 꽉 찬 보름달을 보면 왠지 마음이 편안해지지 않나요? 우리나라에서는 전통적으로 보름달은 풍요의 상징이었습니다. 정월대보름과 추석에는 밝은 보름달을 보며 강강술래를 하고 잔치를 열기도 했어요. 반면에 서양에서 달은 불길한 의미가 크답니다. 보름달이 뜨면 늑대인간이 깨어난다는 전설도 있고, 달에서 기원한 '루나틱lunatic'이라는 단어가 '미친, 정신 이상의'라는 의미를 지니고 있기노 하죠.

달의 모양은 보름달일 때도 있지만 초승달, 반달, 그믐달처럼 계속 변합니다. 달이 차오르고 기우는 모습을 보면 한 달이라는 시간이 어떻게 지나가는지 느껴지죠. 달의 모양은 태양과 지구의 위치에 따라 달리 보여요. 달은 스스로 빛을 내지 못하기 때문에 달 표면에서 태양 빛을 반사하는 부분만 밝게 보이는 거예요. 달이 태양과 지구 사이에 있어 달이 보이지 않을 때를 '삭'이라고 하고, 반대로 보름달일 때는 '망'이라고 합니다.

만약 달의 모양이 늘 보름달이거나 초승달이면 어떨까요? 우리의 상상력을 지금만큼 자극하지 못했을 거예요. 초승달은 초승달대로, 상현달, 하현달, 그믐달은 모두 그것대로 각각의 매력이 있어서, 시간과 공간을 뛰어넘어 많은 예술가들에게 영감을 주었답니다. 여러분은 어떤 모양의 달을 가장 좋아하나요?

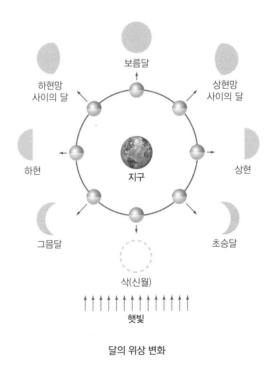

달의 위상 변화

달 탄생과 관련한 네 가지 모델

지구의 위성인 달은 어떻게 탄생했을까요? 대표적인 네 가지 모델을 소개합니다. 첫 번째, '분열 모델'은 생성 초기 당시의 지구는 단단하게 굳기 전인 데다가 자전 속도가 지금보다 훨씬 빨라 원심력에 의해 일부가 떨어져 나왔고, 이 덩어리가 달이 되었다는 가설입니다. 그래서 '딸 모델daughter model'이라고도 해요.

두 번째, '동반 형성 모델'은 지구가 만들어질 때 달도 함께 만들어졌다는 가설로 '자매 모델sister model'이라고도 합니다.

세 번째, '포획 모델'은 지구 주변이 아닌 다른 곳에서 만들어진 달이 지구 중력에 붙잡혀 끌려와 위성이 되었다는 가설이에요. 지구뿐만 아니라 태양계의 토성이나 목성 등도 비슷한 원리로 많은 위성을 거느리게 됐다고 설명하죠.

마지막으로 '충돌 모델'은 생성 초기의 지구가 주변을 지나던

천체와 충돌하면서 지구의 일부분이 떨어져 나가 달이 만들어졌다는 가설입니다. 현재 가장 유력한 가설이죠. 달의 암석과 내부 구조 등을 분석한 결과, 지구와 비슷하면서도 다른 점들이 발견됐습니다. 지구의 일부가 떨어져 나갔다거나(분열 모델) 함께 만들어졌다고(동반 형성 모델) 가정할 경우, 달의 성분이 지구와 거의 똑같아야 하는데 실제로는 그렇지 않았죠. 또 달의 내부 구성 성분이 지구와 어느 정도는 유사하기 때문에 달이 지구와 완전히 다른 곳에서 왔다고(포획 모델) 하는 것도 문제가 있습니다. 달은 지구의 힘만으로 포획하기에 상당히 큰 천체이기도 하고요.

충돌 모델의 경우, 충돌 후 천체와 원시 지구의 겉 표면이 뭉쳐져 달이 생성되는 바람에 당시 지구 내부로 가라앉은 철 등의 무거운 원소가 달로 많이 옮겨 가지 못했다고 해요. 또 충돌로 발생한 높은 열 때문에 원시 지구 표면의 휘발성 물질들이 모두 증발해 달에는 거의 나타나지 않는다고 주장합니다. 그 결과 달은 지구와 유사하면서도 다른 구성 성분을 갖게 됐다는 거죠. 컴퓨터 시뮬레이션 결과 충돌 모델이 가장 설득력이 높은 것으로 증명되기도 했답니다.

망원경이 등장하기 전, 인류는 맨눈으로 달의 검은 얼룩이나 반점들을 보며 토끼, 당나귀 등의 형상을 떠올렸어요. 그러다가 17세기에 이탈리아의 천문학자 갈릴레오 갈릴레이Galileo Galilei가 망원경을 개발하면서 달 관측의 역사가 본격적으로 시작됩니다.

당시 갈릴레오는 네덜란드에서 망원경이 발명됐다는 소식을 듣고 스스로 망원경 제작에 돌입했어요. 얼마 뒤 당대 최고 성능을 가진 20배율 망원경이 완성됐고, 갈릴레오는 곧바로 달 관측을 시도했죠. 그는 관찰한 내용을 책으로 써서 발표했는데 서문에는 이렇게 적었어요.

"반복적인 관측을 통해 마침내 우리는 수많은 학자의 학설과는 달리, 달의 표면은 매끄럽지도, 평평하지도, 그리고 공처럼 정확한 원형도 아니라는 것을 알게 되었다. 달의 표면은 울퉁불퉁하고 거칠며 들쭉날쭉하다. 그것은 마치 산맥이나 계곡이 있는 지구의 표면과 같다."

사람들은 눈으로 직접 보지 않은 것을 어떻게 믿냐며 크게 반발했습니다. 하지만 후대에 더욱 정밀한 망원경이 개발되면서, 달은 나름의 산과 계곡, 평원을 지닌 '신세계'임이 밝혀졌어요. 또 달 표면에는 운석 등에 의해 잘게 부서진 모래가 쌓여 있다는 사실도 드러났죠. 그뿐만 아니라 갈릴레오는 망원경으로 천체를 관측하면서 우주의 중심이 지구가 아니라 태양이라는 사실도 깨달았습니다. 우주의 중심을 지구라고 보는 '천동설'이 아닌, 지구는 태양의 주위를 돈다는 '지동설'을 지지하게 된 거죠. 지구와 마찬가지로 금성, 화성, 목성도 태양 주위를 도는 행성들이며 목성은 위성을 가진다는 것도 발견했습니다. 당시 갈릴레오가 발견한 목성의 위성은 모두 4개였답니다.

인류의 거대한 도약, 달 탐사의 시작

1957년 소련이 인공위성 스푸트니크 1호를 지구 궤도에 쏘아 올리는 데 성공한 이후, 미국과 소련 간의 본격적인 우주개발 경쟁이 시작됐습니다. 주요 목표는 달 탐사였죠. 달에 궤도선과 착륙선을 보내는 등 달 탐사는 점점 구체화되었어요. 급기야 인간을 달에 보내려는 시도가 성공한 이후 달 탐사는 한동안 뜸했어요. 그러다가 2000년대 들어 일본과 중국 등 아시아를 중심으로 다시 활기를 띠었습니다.

달 탐사 가운데 가장 유명한 미국의 '아폴로계획'을 살펴볼까요? 미국은 1958년 달을 목표로 파이어니어 1호를 발사했지만, 달까지 비행하는 데 실패했습니다. 이후 1961년까지 달에 가려는 모든 시도는 실패로 끝납니다. 1964년에 와서야 레인저 7호를 보내 달의 근접 사진을 찍는 데 성공했죠. 아폴로계획은 1961년부터 1972년까지 진행된 미국의 야심찬 달 탐사 계획입니다. 비록 아폴로 1호의 훈련 도중 우주 비행사가 화재로 사망하는 사고가 일어나며 계획이 1년 이상 중단되기도 했지만, 이후 다시 추진돼 우주선이 지구 및 달 주위를 도는 데까지 성공했어요. 그리고 마침내 1969년 7월 유인우주선 아폴로 11호가 달 착륙에 성공하면서, 닐 암스트롱Neil Armstrong이 인류 최초로 달에 발을 딛게 됐죠.

위험을 감수하고서라도 달에 인간을 보내는 까닭이 무엇일까요? 과거 냉전 시대에는 달 탐사가 국력을 과시하기 위한 수단이었습니다. 그러나 최근에는 달에 막대한 자원이 매장되어 있다는 사실이 알려지면서 탐사 열풍이 불고 있죠. 달에 존재하는 헬륨-3 ^{3}He은 지구상 존재하는 헬륨의 방사성 동위원소로 석유를 대체할 핵융합 에너지원으로 여겨지고 있어요. 또 달에 풍부한 희토류는 전자 제품이나 친환경 에너지 제품을 만드는 데 핵심적인 재료이고요. 1967년 UN에서 제정한 '우주조약'에 따르면 어떤 국가도 달에 대한 소유권을 주장할 순 없지만, 자원을 채굴한다면 이를 막을 권리는 없어요. 따라서 주인 없는 달을 누가 먼저 선점할 것인가를 두고 뜨거운 경쟁을 벌이는 것이랍니다.

우리나라는 2013년 1월 대한민국 최초의 우주 발사체인 '나로호'를 성공적으로 발사했습니다. 하지만 로켓의 핵심인 1단 발사체를 러시아에서 들여온 거라 한계가 있었어요. 이후 국산 로켓인 '누리호'를 개발해 냈죠. 2021년 10월, 국내 기술로 만든 200톤급 발사체 누리호의 비행 시험이 완료됐습니다. 비록 마지막에 모형 위성의 궤도 안착에 실패했지만, 이날의 소중한 경험을 바탕으로 우주개발의 문을 열게 되었어요.

그런가 하면 미국과 러시아, 유럽 등 우주 선진국들도 달 탐사에

박차를 가하고 있습니다. 미국은 달의 여신의 이름을 딴 '아르테미스 프로젝트'를 시작했어요. 아폴로 프로젝트 이후 잠잠했던 달 탐사를 부흥시키고 2024년까지 달에 사람을 보내겠다는 건데, 일단 달에 사람이 살 수 있는 기지를 만든 뒤에 이를 발판으로 화성으로 가는 계획을 준비하고 있답니다.

중국 역시 달 탐사에 적극적인 나라 가운데 하나예요. 이미 세 차례나 달 착륙을 성공시켰고 2020년 12월에는 '창어 5호'가 달의 표본을 가지고 지구로 귀환했습니다. 표본의 무게는 1.7kg 정도였는데 1976년 소련의 '루나 24호'가 마지막으로 가져온 표본 170g보다 10배나 많은 양이었어요. 44년 만에 중국의 우주과학 기술이 얼마나 눈부시게 발전했는지 짐작해 볼 수 있습니다. 중국은 달 표본을 수집하기 위한 착륙선을 계속 보낼 계획이고, 2030년에는 사람이 직접 달에 착륙하겠다고 발표했어요. 앞으로 인류는 어떤 우주를 만나게 될까요?

역사의 조연이 된 달

달이 인류 전쟁을 좌지우지했다면 믿을 수 있나요? 기원전 490년 페르시아 군대는 그리스를 정복하기 위해 에게해를 가로질러 아테네에서 불과 40여 km 떨어진 마라톤 평야에 상륙합니다. 아테네는 최강 군사력을 보유한 동맹 스파르타에 파병을 요청했지만 어처구니없는 이유로 거절당했어요. 바로 '보름달이 뜬 밤에는 전쟁을 하지 않는다'는 관습에 따라 출병 연기를 통보받은 거죠. 그럼에도 아테네는 적은 병력으로 뛰어난 전술을 구사해 '마라톤전투'를 승리로 이끕니다. 이 기쁜 소식을 알리기 위해 아테네의 전령은 마라톤 평야에서 약 42km를 단숨에 달려 초조해하던 시민들에게 승리를 알린 뒤에 과로로 급사했다고 해요. 이것이 훗날 마라톤 경기의 유래가 됐답니다.

다른 사례도 살펴볼까요? 제2차 세계대전을 연합군의 승리로 이끈 결정적 계기는 바로 노르망디상륙작전이었어요. 당시 연합군의 드와이트 아이젠하워Dwight Eisenhower 장군이 기상 예보 팀에 내린 지시는 다음과 같았습니다. "야간 작전을 위해 시야 확보에 어려움이 없도록 구름 없는 '보름달 전후의 맑은 날' 가운데, 새벽 시간 조수 간만의 차이가 작은 날을 찾아라!" 덕분에 연합군은 어둠을 틈타 선박 6,500여 척, 비행기 1만 2,000여 대를 동원한 노르망디상륙작전을 성공시켰습니다.

우주에서 보낸 어떤 신호

외계 생명체

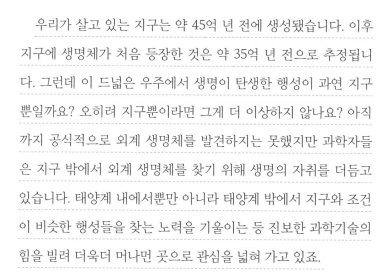

우리가 살고 있는 지구는 약 45억 년 전에 생성됐습니다. 이후 지구에 생명체가 처음 등장한 것은 약 35억 년 전으로 추정됩니다. 그런데 이 드넓은 우주에서 생명이 탄생한 행성이 과연 지구뿐일까요? 오히려 지구뿐이라면 그게 더 이상하지 않나요? 아직까지 공식적으로 외계 생명체를 발견하지는 못했지만 과학자들은 지구 밖에서 외계 생명체를 찾기 위해 생명의 자취를 더듬고 있습니다. 태양계 내에서뿐만 아니라 태양계 밖에서 지구와 조건이 비슷한 행성들을 찾는 노력을 기울이는 등 진보한 과학기술의 힘을 빌려 더욱더 머나먼 곳으로 관심을 넓혀 가고 있죠.

이렇듯 생물의 탄생과 진화 과정을 규명해 지구 이외의 천체에서 생명체가 존재할 가능성을 밝혀내고, 이를 토대로 외계 생명체의 존재 여부와 이들의 생명 유지 메커니즘을 예측하고 분석하는 학문을 '우주생물학'이라고 합니다. 우주생물학을 통해 과연 인류는 외계 생명체와 만날 수 있을까요?

외계인, 너는 누구니?

우주는 빅뱅 이후 급속히 확장돼 지금 이 순간에도 커지고 있어요. 우주가 계속해서 확장되고 있으며 드넓은 우주에 수많은 별이 존재한다는 사실을 인류가 인식한 지는 그리 오래되지 않았습니다. 고대에는 지구를 중심으로 태양과 별들이 돌고 있다는 우주관이 자연스럽게 통용됐습니다. 16세기에 이르러 더 이상 지구가 중심이 아닌, 수많은 별과 행성들로 이뤄진 우주의 아주 작은 일부에 불과하다는 주장이 나오기 시작했어요. 이후 갈릴레오가 직접 만든 망원경으로 천체를 관측해 목성의 위성, 토성의 고리 등을 발견하는 데 성공한 뒤에야 지구를 포함한 다른 행성들이 태양을 중심으로 그 주위를 돌고 있다는 사실이 입증됐죠.

광학 망원경의 발전, 전파 망원경의 등장, 우주 망원경의 출현으로 인간이 인식하는 우주의 크기는 비약적으로 확장되어 갔습니다. 우주의 크기는 빛의 속도로 130억 년을 달려야 한쪽 끝에서 다른 쪽 끝까지 갈 수 있을 만큼 엄청납니다. 현재 관측 가능한 우주 속에는 은하가 약 1,000억 개 존재한다고 알려져 있습니다. 그리고 각각의 은하에는 태양과 같은 별들이 또 1,000억 개 이상 있는 것으로 파악돼요. 그러니까 우주에는 최소한 1,000억×1,000억 개의 항성이 있다는 뜻입니다.

항성이란 핵융합 반응을 통해서 스스로 빛을 내는 고온의 천체를 뜻합니다. 여기에 항성이 아닌 행성까지 합치면 이 넓은 우주에는 셀 수 없을 정도로 수많은 천체가 존재하는 셈이죠. 이런 점으로 미루어 볼 때 우주에서 오로지 지구에만 생명체가 존재한다는 생각이 오히려 이상하게 느껴집니다. 『코스모스』의 저자이자 저명한 천문학자인 칼 세이건Carl Sagan은 "이 넓은 우주에 우리 인간만 살고 있다면 그건 엄청난 공간 낭비일 것이다."라는 유명한 말을 남겼습니다. 블랙홀 연구로 유명한 물리학자 스티븐 호킹Stephen Hawking도 외계인의 존재를 예견했죠.

그렇다면 외계인은 도대체 어떤 존재일까요? 외계인이란 외계 생명체 중 지성을 가지고 있는 생명체를 이르는 말입니다. 그동안 인류는 영화와 드라마, SF 소설 등에서 상상력을 발휘해 다양한 외계인의 형상을 그려 왔습니다. 외계인 하면 가장 대표적으로 떠오르는 캐릭터는 아마 스티븐 스필버그Steven Spielberg 감독의 영화 〈ET〉의 주인공일 거예요. 큰 머리와 긴 손가락이 특징인 ET는 영화 속에서 매우 귀엽고 친근한 이미지로 그려졌습니다. 스티븐 스필버그의 또 다른 영화 〈우주 전쟁War Of The Worlds〉에는 긴 촉수를 지닌 외계인이 등장합니다. 지난 2016년 개봉한 영화 〈컨택트Arrival〉에서도 7개의 다리를 가진 문어 같은 외계인이 나오죠.

　외계인의 생김새가 어떨 것인가에 대해서는 과학자들 사이에서도 의견이 엇갈립니다. 인간처럼 고등 생명체일 경우에 우리와 비슷한 모습일 거라고 주장하는 이들이 있는 반면, 우리가 상상할 수 없는 모습일 거라고 말하는 이들도 있어요. 둘 중 어느 쪽이 맞다고 쉽게 말할 수 없는 이유는 진화 과정에서 필수 원소를 무엇으로 두느냐에 따라 외계인의 생김새가 달라질 수 있기 때문입니다. 인간처럼 탄소를 기반으로 높은 지능을 얻은 생명체일 수도 있고, 탄소가 아닌 규소나 붕소 등 다른 원소를 기본 원소로 삼고 진화했을 수도 있으니까요.

외계 행성에서 외계인을 만날 수 있을까?

'외계 행성'이란 태양계 밖의 행성으로, 태양이 아닌 다른 항성 주위를 돌고 있는 행성을 말합니다. 현재까지 4,000개에 달하는 외계 행성이 발견됐죠. 과학자들은 지구와 비슷한 크기, 조성(물질계를 구성하고 있는 여러 성분 양의 비율)을 갖고 있고, 항성과의 거리가 유사한 소위 '지구형 행성'을 찾는 데 주력하고 있습니다. 생명체가 살기 위해 꼭 필요한 요소 중 하나는 액체 상태의 물이에요. 행성에 물이 액체 상태로 존재하려면 대기가 적당히 있고 표면 온도가 0~100°C 사이여야 하죠. 항성과 너무 가깝거나 너무 멀면 행성의 온도가 뜨겁거나 차가워서 액체 상태의 물이 존재하기 어렵습니다. 태양계에서는 태양으로부터 1억 4,000만~2억 9,000만 km 사이가 생명체가 거주할 수 있는 영역으로, 오직 지구와 화성만이 이 영역에 위치하고 있죠.

여러분은 '골딜록스 존Goldilocks Zone'이라는 말을 들어 봤나요? 이는 생명체가 거주할 수 있는 구역을 의미하는 용어로, 영국 전래 동화 『골딜록스와 세 마리 곰』속 주인공 소녀의 이름에서 따온 말이에요. 곰 세 마리가 각각 끓여 주는 스프 중 뜨겁지도 않고 차갑지도 않은 가장 적당한 온도의 스프를 소녀가 선택해 마신다는 내용이 담겨 있어요. 골딜록스 존은 태양과 같은 항성으로부터 적절한 거리에 떨어져 있어 너무 뜨겁지도 차갑지도 않은, 적당한 온도의 지대를 가리키죠.

그러나 골딜록스 존 안에 있는 행성이라고 해서 모두 생명체가 살 수 있는 조건을 갖춘 것은 아닙니다. 과학자들은 골딜록스 존에 위치한 외계 행성의 대기 구성 성분을 분석해 생명 활동의 흔적을 찾기도 해요. 대기에 있는 수증기, 메탄, 오존 등의 비율을 측정해 생명체가 살 수 있는지 파악하는 식이죠. 과학기술 문명을 이룬 지적 생명체가 존재하는 행성이 있다면 플루토늄 같은 자연계에 존재하기 어려운 원소들이 대기 중에서 발견될 거라는 추측도 나오고 있습니다.

인류는 지금껏 지구 밖에서 살아가는 생명체를 단 한 번도 보지 못했습니다. 그러나 지구 밖의 작은 생명체를 비롯해 지적 생명체의 존재 가능성에 대해 끊임없이 관심을 갖고 이를 탐구해 왔죠. 그 결과 오늘날 태양계 행성에서 생명체의 흔적을 찾는 탐사가 상당한 진척을 보이고 있습니다. 그러나 단순한 생명체가 아닌 외계인의 존재를 찾는 여정은 아득히 멀어 보여요. 과연 인류는 외계인을 만날 수 있을까요?

우주에는 약 1,000억 개의 은하계가 존재하는데, 각 은하계에는 태양계와 비슷한 규모의 항성과 천체들의 집합이 무수히 많습니다. 그 세계는 인류가 영원히 도달할 수 없는 무한의 영역이죠. 이처럼 우주라는 공간이 형용할 수 없을 만큼 드넓다 보니, '생명체가 살아가는 곳은 지구뿐'이라는 단정이 오히려 모순처럼 보입니다. 따라서 인류는 단순 생명체를 비롯한 외계인에 대해, 늘 '어딘가에 존재할 확률도 있다'는 가능성을 합리적으로 열어 두었죠. 그렇다면 존재 가능성이 유력해 보이는 외계 생명체는 어떤 형태로 존재할까요?

현재까지 과학자들이 내린 결론은 단세포 생명체부터 지적 생명체의 존재 가능성까지 모두 열려 있다는 것입니다. 당장 지구만 하더라도 생명체가 살기 힘들 것 같은 심해 화산 분화구, 수킬로미터 지하, 극한의 남극에서조차 천차만별의 생명체들이 생태계를 이루며 살아가고 있습니다. 이를 감안하면 생명체가 존재할 수 있는 극한의 환경이란 우리의 상상을 뛰어넘을 수 있으며, 그 형태 또한 통념을 뒤집을 수 있어요.

당신, 거기 있나요

과학자들은 미생물 수준의 생명체는 우주에서 흔할 것이라는 데 입을 모읍니다. 현재 태양계를 중심으로 극한 환경에서 생존하는 특이한 생명체에 대한 연구가 진행되고 있는데, 생명체의 존재 징후가 곳곳에서 포착되고 있습니다. 지구와 가장 환경이 비슷한 행성인 화성을 비롯해, 토성의 위성인 타이탄·엔켈라두스, 목성의 위성인 유로파 등이 바로 그곳이에요. 토성과 목성의 위성은 우주 내 생명체 거주 가능 영역인 골딜록스 존을 벗어났지만, 공통적으로 표면에서 얼음 및 물의 흔적이 발견됐습니다. 탐사가 가장 활발한 화성의 경우 표면의 약 3분의 1이 얼음으로 덮여 있는데, 과거에 물이 흘렀을 것으로 추정됩니다. 미국항공우주국은 '마스 2020 프로젝트'를 통해 화성 탐사차 '퍼서비어런스'를 2021년 2월 화성 표면에 성공적으로 착륙시키는 데 성공했습니다. 퍼서비어런스는 화성 표면의 흙을 수집해 지구로 가져오는 임무를 맡았는데, 이 프로젝트가 성공하면 인류는 처음으로 화성의 흙을 직접 만져 볼 수 있게 됩니다. 이 외에도 퍼서비어런스는 화성에서 생명체의 흔적도 탐색하게 됩니다.

목성의 유로파와 토성의 엔켈라두스도 표면의 얼음을 토대로 지하 바다 세계의 존재 가능성이 점쳐지고 있습니다. 특히 유로파는 두께 20~30km 두꺼운 얼음층 아래 100km 깊이의 바다가 형성돼 있을 것으로 추정되는데, 과학자들은 이곳에 열수 분출구가 있을 경우, 생명체 서식 가능성이 높을 것으로 보고 있어요. 열수 분출구는 마그마로 뜨겁게 데워진 바닷물이 솟구치는 곳으로, 뜨거운 열기와 화학물질이 생명 활동의 조건이 됩니다. 그런가 하면 타이탄은 태양계 내에서 지구 외에 유일하게 표면에 강과 호수 등 안정된 액체가 있는 것으로 알려졌죠.

그렇다면 단순한 생명체를 뛰어넘어 지능을 가진 외계인은 과연 우주에 존재할까요? 이와 관련한 유명한 이론으로 '페르미의 역설'이 있습니다. 이것은 이탈리아의 물리학자 엔리코 페르미

Enrico Fermi가 "왜 우리는 인간과 같이 고등 문명을 가진 외계인들을 아직 발견하지 못했을까? 이들은 모두 어디에 있는가?"라고 물은 것에서 비롯됐어요. 지금껏 아무도 본 적 없는 외계인의 존재를 당연시하는 것이 모순이란 의미에서 '역설'로 표현됐죠.

이처럼 볼 수도 없는 외계인을 인류가 당연시할 수밖에 없는 이유는 우주가 그만큼 무한하기 때문이라고 앞서 언급한 바 있습니다. 따라서 과학계 역시 기술적·물리적으로 입증이 불가능한 외계인의 존재 유무를 규명하기보다, '인류가 외계인을 보지 못했다'는 사실에 입각해 몇 가지 가설을 세워 왔죠.

각각의 가설은 여전히 논쟁거리로 남아 있는데, 그중 가장 유명한 것이 바로 '동물원 가설'입니다. 이는 고도의 문명을 이룬 외계인이 지구인의 존재를 알고 있으면서도, 인류와 거리를 두기 위해 접근하지 않는다는 견해입니다. 서로 다른 종족의 보존과 유지에 이것이 이롭다는 판단에서라는 거죠.

또 다른 유력한 가설이 바로 태양계 밖의 외계 지적 생명체와 인류가 기술적 한계로 서로의 존재를 알 수 없다는 것입니다. 과거 지구에서도 신대륙과 구대륙이 오랜 세월 서로의 존재를 몰랐던 것처럼, 외계 행성과 지구도 서로 단절되어 있어 확인할 수 없다는 거예요. 지금까지 발견된 과학적 사실들만 놓고 보면, 향후 과학기술이 아무리 발전한다고 해도 인류가 탐지·송신할 수 있는 우주의 범위는 태양이 속한 하나의 은하계에 한정될 것이라는 점에서 설득력이 있습니다.

마지막으로 외계인이 존재하지 않기 때문에 볼 수 없는 것이라는 가설도 있습니다. 블랙홀과 같은 우주 환경의 극단성과 가혹성, 그리고 지구와 태양계의 특별함 등이 이를 뒷받침해요. 이는 '희귀한 지구 가설'이라고 불립니다. 태양이 우주 안에서 상위 1%에 드는 크고 밝은 항성이며, 이 외 우주의 90%를 이루는 항성들은 생명체 존재 가능성과 거리가 멀다는 주장을 논거로 하죠.

아직은 외계인의 존재가 미스터리로 남아 있기 때문에, 이러한 가설들은 꾸준한 논쟁의 소재가 되고 있습니다. 외계인의 존재를 긍정하는 가설들은 '생명체 탄생의 조건과 진화 등에 비춰 볼 때 외계인의 존재 가능성이 얼마나 희박한가'라는 지적에 부딪힙니다. 실제로 세포 단위의 생명체가 진화를 거듭해 생태계를 이룬 뒤, 지적 생명체가 출현하기까지는 어마어마한 시간이 필요합니다. 생명체 생존에 유리한 환경인 지구만 하더라도 최초의 생명체가 출현한 이후 인간이 탄생하기까지 무려 20억 년의 세월이 걸렸습니다.

그러나 이와 반대로 희귀한 지구 가설 역시 '지구환경이 복잡한 생명을 키워 내기에 필수적이라는 증거는 아직 없다'는 반론에 부딪힙니다. 우주가 갖는 시공간의 무한성을 감안할 때 인류가 규명할 수 있는 사실은 티끌에도 못 미친다는 거예요. 가령 인류가 생겨나기 전 혹은 이들의 존재를 모르는 사이, 외계인이 우주 어딘가에서 살다 멸종했다 하더라도 이는 인간의 기준에서 '없었던 사실'이 되고 맙니다. 그렇다면 여러분은 과연 외계인이 존재한다고 생각하나요? 아마도 답은 각자의 선택에 달려 있지 않을까 합니다.

UFO는 외계인의 신호일까?

여러분은 미확인 비행 물체인 UFO^{Unidentified Flying Object}가 실제로 존재한다고 생각하나요? 역사적으로 UFO의 존재를 둘러싼 논란은 끊이지 않았습니다. 이와 관련된 최초의 목격담으로는 1947년 민간 비행사인 케네스 아놀드^{Kenneth Arnold}가 미국 워싱턴주 레이니어산 부근에서 최초로 UFO를 목격해 보고했다는 이야기가 전해지는데요. 이 소식이 알려지자 미국뿐만 아니라 유럽, 구소련, 호주 등에서도 많은 목격자들이 나타났다고 해요. 1952년에는 미국의 워싱턴 D.C. 공항 근처에서 UFO를 목격했다는 증언이 쏟아졌습니다. 미국 정부는 이 사건을 계기로 물리학자 하워드 로버트슨^{Howard Robertson}을 책임자로 한 조사위원회를 꾸려 공항에서 목격된 물체의 정체를 조사했는데, 대부분 기상학적 현상이거나 비행기, 새, 탐조등, 고온 가스 등에 의한 현상이 복잡하게 얽혀 생긴 것으로 결론 내렸습니다.

UFO와 관련된 가장 떠들썩한 이슈는 '로즈웰 UFO 사건'입니다. 1947년 미국 뉴멕시코주 로즈웰 지역의 한 농장 지대에 비행 물체가 추락하자, 당시 이를 목격한 현지 주민들이 UFO라고 주장했고, 미 공군이 출동해 현장 조사와 함께 수집된 증거물을 분석했어요. 이후 미군은 추락한 물체는 기상 관측 기구이며, 외계인으로 알려진 사체는 실험용 마네킹일 뿐이라고 공식 발표했죠. 그러나 미군이 사건과 관련해 주민들에게 함구령을 내린 사실이 알려지면서 미 정부가 UFO와 외계인의 존재를 은폐하기 위해 거짓말을 하고 있다는 거센 비난이 일었습니다.

한편 인간은 우주 저 멀리에 존재할지도 모르는 외계인에게 메시지를 보내고 있습니다. 대표적인 사례가 '파이어니어 금속판'입니다. 이는 1972년과 1973년에 각각 발사된 무인 우주 탐사선 파이어니어 10·11호에 장착된 금속판으로, 외계인에게 보낼 메시지를 그림으로 그린 거예요. 외계인에게 인류를 알리기 위해 만들어진 것으로, 금속판에는 인간 남녀의 모습, 태양계 등 지구에 관한 정보가 그려져 있습니다. 그러나 외계인이 이 금속판의 메시지를 해독하기 어려울 것이라는 비판을 받기도 했어요.

파이어니어호에 이어 1977년에 발사된 보이저 1·2호에는 지

구의 소리를 담은 지름 30cm의 '골든 레코드'가 실려 있습니다. 골든 레코드에는 55개 언어로 된 인사말, 베토벤 교향곡 〈운명〉, 루이 암스트롱의 연주 등 인간의 문화에 대한 내용이 담겨 있어요. 한마디로 미지의 외계인에게 보내는 '지구 자기 소개서'인 셈이죠. 보이저호는 목성과 토성을 탐사한 뒤에 태양계 바깥으로 나가 이제는 태양 권계면을 넘어 우주 저 끝으로 향하고 있습니다. 이러한 인간의 노력으로 언젠가는 외계인에게 인류의 존재를 알리고 서로 교류할 수 있지 않을까요?

미스터리 서클, 누가 만든 것일까

UFO의 존재를 믿는 사람들은 '미스터리 서클'이라는 기이한 대형 무늬를 증거로 제시하기도 합니다. '크롭 서클'이라고도 불리는 미스터리 서클은 밭이나 논의 곡물이 일정한 방향으로 누워 원형이나 기하학적 형태가 나타나는 것을 의미해요.

1946년 영국 남서부 지역의 솔즈베리 페퍼복스힐에서 2개의 원형 패턴을 띠고 있는 미스터리 서클이 최초로 발견되었습니다. 그로부터 30년 뒤에 워민스터 지역에서 미스터리 서클이 발견됐고, 세계 곳곳에서 20세기 말까지 다양한 형태의 미스터리 서클이 계속해서 발견되었습니다. 한국에서는 2008년 무인 항공촬영 전문가에 의해 충남 보령시에서 최초로 미스터리 서클이 발견되었죠.

이것이 UFO가 착륙한 흔적이라는 설이 널리 제기되었지만, 아직 명확한 원인은 밝혀지지 않은 상황입니다. 그 밖에도 인간 조작설, 회오리바람설, 정전기설 등이 원인으로 지목되기도 했죠. 어떠한 메시지가 숨겨져 있는 듯한 이 거대한 무늬를 과연 누가 만들었을까요?

북트리거 일반 도서

북트리거 청소년 도서

세상 모든 것이 과학이야!

과학력이 샘솟는 우리 주변 놀라운 이야기

1판 2쇄 발행일 2023년 3월 30일

지은이 신방실 · 목정민
펴낸이 권준구 | **펴낸곳** (주)지학사
본부장 황홍규 | **편집장** 윤소현 | **편집** 김지영 양선화 서동조 김승주
일러스트 김현주 | **표지 디자인** 정은경디자인 | **본문 디자인** 이혜리
마케팅 송성만 손정빈 윤술옥 박주현 | **제작** 김현정 이진형 강석준 오지형
등록 2017년 2월 9일(제2017-000034호) | **주소** 서울시 마포구 신촌로6길 5
전화 02.330.5265 | **팩스** 02.3141.4488 | **이메일** booktrigger@jihak.co.kr
홈페이지 www.jihak.co.kr | **포스트** post.naver.com/booktrigger
페이스북 www.facebook.com/booktrigger | **인스타그램** @booktrigger

ISBN 979-11-89799-64-9 43400

북트리거

트리거(trigger)는 '방아쇠, 계기, 유인, 자극'을 뜻합니다.
북트리거는 나와 사물, 이웃과 세상을 바라보는 시선에 신선한 자극을 주는 책을 펴냅니다.